普通高等教育"十四五"规划教材

冶金工业出版社

贵金属冶金提取技术

主 编 范兴祥 杨志鸿
副主编 孙丽达 姜 艳 何云龙

U0342116

北 京
冶金工业出版社
2023

内 容 提 要

本书分为上下两篇共 6 章。上篇为贵金属原生矿提取技术，主要介绍了贵金属的物理化学性质、提取原理及工艺流程；下篇为贵金属二次资源提取技术，主要介绍了贵金属二次资源的来源及其相应的提取技术。

本书可作为高等院校矿物加工、冶金和相关专业师生的教学用书，也可供贵金属生产企业的工程技术人员和科研人员阅读参考。

图书在版编目（CIP）数据

贵金属冶金提取技术/范兴祥，杨志鸿主编 . —北京：冶金工业出版社，2023.10

普通高等教育"十四五"规划教材

ISBN 978-7-5024-9601-2

Ⅰ.①贵…　Ⅱ.①范…　②杨…　Ⅲ.①贵金属冶金—高等学校—教材
Ⅳ.①TF83

中国国家版本馆 CIP 数据核字（2023）第 157396 号

贵金属冶金提取技术

出版发行	冶金工业出版社	电　　话	（010）64027926
地　　址	北京市东城区嵩祝院北巷 39 号	邮　　编	100009
网　　址	www.mip1953.com	电子信箱	service@ mip1953.com

责任编辑　郭雅欣　美术编辑　吕欣童　版式设计　郑小利
责任校对　梁江凤　责任印制　窦　唯
三河市双峰印刷装订有限公司印刷
2023 年 10 月第 1 版，2023 年 10 月第 1 次印刷
787mm×1092mm　1/16；10 印张；219 千字；149 页
定价 **39.00 元**

投稿电话　（010）64027932　投稿信箱　tougao@cnmip.com.cn
营销中心电话　（010）64044283
冶金工业出版社天猫旗舰店　yjgycbs.tmall.com
（本书如有印装质量问题，本社营销中心负责退换）

前　　言

　　贵金属分为金、银、铂、钯、铑、钌、铱、锇八种元素，后 6 种元素为战略性金属，统称为铂族金属。贵金属在国民经济发展过程中为不可或缺的金属，广泛应用于航天、军工、民用、电子等行业。我国贵金属主要从原生矿和二次资源提取，但铂族金属每年从原生矿提取量仅为 3t 左右，远不能满足经济发展需求。此外，我国为全球使用贵金属最多的国家，每年将产生大量的贵金属二次资源，是提取贵金属的主要原料。原生矿提取贵金属已趋于成熟，而贵金属二次资源种类繁多、组成复杂，特别是铂族金属二次资源提取，每家贵金属企业提取技术不尽相同。

　　本书分为上下两篇共 6 章。上篇包括第 1~3 章，系统介绍了贵金属的物理化学性质、原生矿提取技术等；下篇包括第 4~6 章，系统介绍了贵金属二次资源和提取技术，大部分技术来源于贵金属生产企业，应用性和实践性较强。

　　本书由范兴祥、杨志鸿主编，孙丽达、姜艳、何云龙副主编。其中，红河学院范兴祥研究员负责编写贵金属二次资源提取内容，昆明冶金高等专科学校杨志鸿副教授编写金银内容，红河学院孙丽达副教授、姜艳副教授编写铂族金属内容；在编写过程中涉及图等内容由红河学院何云龙负责修改。

　　本书得到了云南省本科高校新兴专业冶金工程建设项目资助，感谢云南省教育厅的大力支持。

　　由于作者水平有限，书中不足之处，恳请读者批评指正。

作　者

2023 年 3 月

目　录

上篇　贵金属原生矿提取技术

下篇　贵金属二次资源提取技术

上篇　贵金属原生矿提取技术

1　贵金属冶金概述

1.1　金、银的性质与用途

1.1.1　金、银的物理性质

1.1.1.1　金的物理性质

黄金是人类较早发现和利用的金属。由于它稀少、特殊和珍贵，自古以来被视为五金之首，有"金属之王"的称号。正因为黄金具有这一"贵族"地位，一直以来人们主要用它作金融储备、货币、首饰等。到目前为止黄金在上述领域中的应用仍然占主要地位。

纯金为瑰丽的金黄色，但颜色随杂质含量的改变而变化，如金中加入银、铂时颜色变浅，加入铜时颜色变深。金的纯度可用试金石鉴定，称"条痕比色"。所谓"七青、八黄、九紫、十赤"，意思是条痕呈青、黄、紫和赤色的金含量分别为70%、80%、90%和99.99%。

金具有很高的导热、导电性能。它的传导性能仅次于铂、汞、铅和银。金粉在温度低于其熔点的条件下，必须加压才能使之熔结在一起。自然金在常温下为等轴晶系，晶体的形状呈立方体或八面体。晶体经熔化后再凝结时，呈不规则的多角形，冷却得越慢，晶体就越大。金具有极为良好的可锻性和延展性，易于机械加工。

金会因掺入杂质而变脆，如掺入铅、砷、铂、镉、铋、碲都会使它变脆。以含铅最为明显，纯金中加入0.01%的铅，就会使金的良好延展性完全丧失。当金中铋的质量分数达到0.05%时，甚至可用手搓碎。

金的密度随温度略有变化，常温时金的密度为19.29~19.37g/cm³，金锭中由于含有一定量的气体，密度略有降低，经压延后金的密度增大。金是在高温下不与氧起化学反应的物质，在常温下几乎不挥发。在1000℃下将它置于氧中40h，没有察觉到失重现象，而在1040℃下放置100h，仅损失0.02mg/cm²。纯金在空气中加热到1300℃时，挥发质量损失仅0.01%，金的挥发损失与炉料中挥发性杂质的含量和周围的气氛有关，如当有硫、砷、锌、锑等杂质存在时，其挥发速度加快。金有很强的吸气性，金在熔融状态时可吸收相当于自身体积 37~46 倍的氢，或 33~48 倍的氧及大量的一氧化碳，因此在一氧化碳中蒸发金的损失量为空气中的 2 倍。

此外，金银合金、金铜合金、金铂合金、金钯合金及和其他金属形成的合金都不是化合物，而是固溶体。许多金属能和金形成合金的原因是这些金属的原子半径与金的原子半径很接近。

金的主要物理性质见表 1-1。

表 1-1　金的物理性质

性　　质		数　　值
相对原子质量		196.967
熔点/℃		1064.43
沸点/℃		2860
密度(20℃)/g·cm^{-3}		19.32
原子半径/nm		0.144
晶格常数/nm		0.40786
莫氏硬度(金刚石为 10)		2.5~3
切变模量/MPa		28200
压缩模量/MPa		174600
弹性模量(1173K 退火)/MPa		77470
强度极限/MPa		12.2×10^3
抗胀强度极限(铸制的)/MPa		11.95×10^3
抗胀强度极限(冷作硬化时)/MPa		20×10^3~33×10^3
伸长率/%		40~50
横断面收缩率/%		90~94
表面张力/N·m^{-1}		0.612
熔化热/J·mol^{-1}		1.27×10^4
汽化热(298K)/J·mol^{-1}		3.653×10^5
质量热容(298K)/J·(kg·K)$^{-1}$		128.8
热导率(273K)/W·(m·K)$^{-1}$		311
升华热(0K)/J·mol^{-1}		385186
电阻率(0℃)/Ω·cm		2.06×10^{-6}
电阻温度系数(0~100℃)/℃$^{-1}$		4.1×10^{-3}
液态下的电阻(1.063℃)/Ω·cm^{-3}		30.8×10^{-6}
线膨胀系数(0~100℃)/℃$^{-1}$		14.16×10^{-6}
对铂热电势(1000℃)/mV		17.09
熵(298K)/J·K^{-1}		47.33
标准电极电位/V	Au^{3+}+3e $\rightleftharpoons$ Au	1.50
	Au$^+$+e $\rightleftharpoons$ Au	1.68

1.1.1.2　银的物理性质

纯银为银白色，具有很好的延展性，质地较软。与其他金属相似，掺有其他物质会出现硬化。纯白银导电性能佳，溶于硝酸、硫酸。由于良好的物理化学特性，白银被越来越多地运用于工业等领域。按含银比例银可被划分为粗银、纯银等。粗银主要指银含量为30%~99.9%的矿银、冶炼初级银产品及回收银；纯银是指由各种含银原料生产的银含量为99.90%~99.99%的银。另外，925银也被称为纹银，要求银含量不得低于92.5%，其余部分可以是铜或抗氧化元素，足银则要求银含量不得低于99%。近年来，在银表面常镀上一层镍以防止氧化，因此部分银饰中可能含有镍等其他抗氧化成分。

银的原子序数为47，相对原子质量为107.868。银具有强烈的金属光泽，可以与金、铜以任何比例形成合金，掺入10%以上的红铜时色泽开始逐渐发红，掺入黄铜时其颜色则白中带黄，掺入白铜时其颜色变灰，掺入金后颜色变黄。白银的化合物对光具有极强的敏感性。

在所有的金属中，银对白色光线的反射性能最好，相当于橙红色光谱的94%。银可塑性强且易于抛光，具有很好的导电性和导热性，以及极好的延展性，仅次于金，在所有金属中居第二位。

银熔炼时会氧化并具有一定的挥发性，当有贱金属存在时，氧化银很快被还原，在正常熔炼温度下银的挥发损失小于1%，但当氧化强烈，以及熔融银面上无覆盖剂或炉料含有较多的铅、锌、砷、锑等易挥发金属时，银的挥发损失会增大。

银在空气中熔融时可吸收相当于其自身体积21倍的氧。这些被吸收的氧在熔融银液冷凝时放出形成"银雨"，造成细粒银珠的喷溅损失，当银中含有少量铜或铝时，可防止产生"银雨"。银的物理性质见表1-2。

表 1-2　银的物理性质

性　　质	数　　值
相对原子质量	107.868
密度(20℃)/g·cm^{-3}	10.49
熔点/℃	961.9
沸点/℃	2200
原子半径/nm	0.144
晶格常数/nm	0.40862
比热容(25℃)/J·(mol·K)$^{-1}$	25.4
熔化热/kJ·mol^{-1}	11.3
汽化热/kJ·mol^{-1}	285
导热率(25℃)/W·(m·K)$^{-1}$	433

续表 1-2

性　质		数　值
电阻率(25℃)/Ω·m		$1.65×10^{-8}$
莫氏硬度(金刚石为10)		2.1
再结晶温度/℃		20~200
熔解热/J·g^{-1}		104.2
蒸发热/kJ·g^{-1}		2.636
黏度(液体)(1043℃)/MPa·s		3.97
表面张力(液态)(995℃)/mN·m^{-1}		923
对铂热电势 (冷端0℃,热端100℃)/mV		0.074
反射率(18℃)/%		94
电子逸出功/eV	热电子	3.09~4.31
	光电子	3.67~4.81
标准电极电位/V	$Ag^+ + e \Longrightarrow Ag$	0.799

1.1.2　金、银的化学性质

1.1.2.1　金的化学性质

金虽然与银、铜属同类元素，但其化学稳定性很强，与铂族元素十分相近。在空气中或有水分存在的情况下，金均不发生氧化，甚至在高温条件下，金也不与氢、氧、氮、硫、碳起化学反应。金和溴在室温下可起反应，而和氟、氯、碘要在加热下才反应。金是很强的正电元素，Au^{3+}/Au 系统的标准氧化还原电位很高，其值等于 1.5V，这也是金在大多数酸中难以溶解的原因。因此硝酸、硫酸、盐酸、硒酸、碱溶液等试剂或气体不能与之相互作用。但某些单酸、混酸、卤素气体、盐溶液及有机酸等却有溶金性能，例如硒酸、碲酸和硫酸的混合酸、碱金属的氯化物和溴化物存在下的铬酸、乙炔、硫代硫酸盐溶液、硫脲溶液等均可与金相互作用。金能溶解于碘酸（H_5IO_6）、有二氧化锰存在时的浓硫酸、加热的无水硒酸（H_2SeO_4）（非常强的氧化剂）及含有氯水、溴水、KI 和 HI 中的碘液。金易溶于王水、饱和氯的盐酸、含有氧的碱金属和碱土金属的氰化物水溶液中。含 Fe^{3+} 的硫脲酸性水溶液也是金的良好溶剂，金还能溶解在含 Fe^{3+}、Sn^{2+}、Mg^{2+} 的盐酸溶液中。在所有场合下金溶解都是形成相应的配合物，而不是以 Au^+ 或 Au^{3+} 这样的简单离子出现。金在各种介质中的行为见表 1-3。

在特定条件下，金在某些酸、碱和各种盐溶液腐蚀很快。各种溶剂对金的溶解速度见表 1-4。

表 1-3 金在各种介质中的行为

介　质	温度	腐蚀程度
硫酸、发烟硫酸、过二硫酸	室温至100℃	几乎没有影响
硒酸	室温至100℃	几乎没有影响
硝酸（52.06%）	室温至100℃	几乎没有影响
发烟硝酸	室温	轻微腐蚀
王水	室温	腐蚀很快
氢氟酸（17.10%）	室温	几乎没有影响
盐酸（14.44%）	室温至100℃	几乎没有影响
磷酸、碘氢酸、氯酸、柠檬酸、酒石酸、乙酸、溴氢酸	室温至100℃	几乎没有影响
氰氢酸（有氧时）	室温	严重腐蚀
氟	室温至100℃	几乎没有影响
干氯	室温	微量腐蚀
湿氯、氯水、溴液、溴水	室温	很快腐蚀
碘	室温	微量腐蚀
碘化钾中的碘溶液	室温	很快腐蚀
醇中的碘溶液	室温	严重腐蚀
氯化铁	室温	微量腐蚀
硫、硒	室温至100℃	几乎无影响
湿硫化氢	室温	几乎无影响
硫化钠（有氧时）	室温	严重腐蚀
氰化钾	室温	很快腐蚀

表 1-4 在不同溶剂中金的溶解速度

溶剂	干水	溴（干燥）	饱和溴水	饱和氯水	I_2-KI	KCN 溶液（1g/L），通空气	KCN 溶液（1g/L），通纯氧气
温度	室温至100℃	室温	室温	室温	室温	室温	室温
溶解速度 /mg·(dm²·d)⁻¹	快	1770	1750	1510	25000	1670	30300

注：1. 试验条件为25mL溶液、样品面积12.9cm²、通气，自然对流。

　　2. 在室温下王水（10%）中的溶解速度为75mg/(dm²·d)、浓王水中为129600mg/(dm²·d)。

金可形成多种化合物、配合物。金原子中的电子分配为 $1s^2 2s^2 2p^6 3s^2 3p^6 3d^{10} 4s^2 4p^6 4d^{10} 4f^{14} 5s^2 5p^6 5d^{10} 6s^1$。金原子的外电子层有一个 s 电子，次层含不稳定的 $10d$ 电子，它能放出一个或多个电子，所以金的氧化价可表现为+1 价、+2 价、+3 价、+5 价。

在一定条件下，金可生成多种无机化合物和有机化合物，如金的硫化物、氧化物、氰化物、卤化物、硫氰化物、硫酸盐、硝酸盐、氨化物、氯化物等。金的化合物中，经常遇到金的价态是+1 价和+3 价，易还原成金属。

Au$^+$有许多稳定的化合物，如［Au(CN)$_2$］$^-$很稳定。在弱碱性或碱性介质中，金的亚硫酸盐配合物也较为稳定，并已被应用在金的分析化学上。

Au^{3+}是很强的氧化剂。可形成许多稳定的化合物，尤其 Au^{3+}的卤素化合物是金的分析化学基础。

金的特殊性能在于易与含氧配位基、氨和胺、含硫配位基形成配合物，主要是形成内配合物。金形成配合物的趋势取决于相应离子的形成能（升华能与电离能的总和），并有与各种配位基形成共价键的倾向。

金的化合物易还原成金属金，还原金能力最强的金属是镁、锌、铁和铝。在氰化法提金工艺中就是利用这一性质使用锌粉来置换金。金化合物的还原剂很多，如高压下的氢和电位序在金之前的金属及过氧化氢、氯化亚锡、硫酸铁、三氯化钛、氧化铅、二氧化锰、强碱和碱土金属的过氧化物都可以作还原剂；有机物质甲酸、草酸、对苯二酚、联氨、乙炔等也能还原金。

金有 22 个放射性同位素。这些同位素可用中子、质子、重氢核、粒子和 γ 射线轰击稳定的同位素^{197}Au 或铂、铱、汞的靶子获得。只有相对原子质量为 197 的这种同位素才是稳定的，其原子核有 79 个质子和 118 个中子，外层有 79 个电子。

在低能情况下，俘获由 γ 射线释放的电子是金最重要的核反应。金的放射性同位素的特殊性质决定了其特殊用途，从科技应用角度看，金的放射性同位素^{198}Au 和^{199}Au 是最有价值的。

除了上述性质外，金与许多元素很容易形成合金、如与铅、汞、锡、锑、铋、铜、银、铂、钯、铑等。金与银或铜能以任何比例形成合金。金银合金中银含量接近或大于70%时，硫酸或硝酸可溶解其中的全部银，金呈海绵金产出。用王水溶解金银合金时，生成的氯化银将覆盖于金银合金表面而使其无法进一步溶解。金与汞能以任何比例形成金汞合金，称为金汞齐。

金的另一特性是能生成溶胶，即胶体，通常是将丹宁、甲醛或苯肼等还原剂加入金溶液中而制得。金的水溶胶有红色、蓝色或紫色。

1.1.2.2　银的化学性质

银属于不活泼的金属之一，在电动序中，位于靠后位置。银不直接与氢、氮、碳反应，仅在红热下与磷反应并生成磷化物。加热时银易与硫形成硫化银，某些硫化物（如黄铁矿、磁黄铁矿、黄铜矿）热离解时析出的气态硫作用于银时生成 Ag$_2$S。当与 H$_2$S 作用时，银表面生成一层黑色膜，该过程在室温下也能缓慢进行，这是银制品逐渐变黑的原因。银还与游离氯、溴、碘相互作用形成相应的卤化物，这些反应甚至在常温下也能缓慢进行，而当有水存在、加热和光线照射下，反应加速。

银像金一样，不能从酸性水溶液中析出氢，对碱溶液也是稳定的。但与金不同，银能溶于强氧化性酸，如硝酸和浓硫酸。与金一样，银易与王水、饱和有氯的盐酸作用，但银是形成微溶的氯化银而留于不溶渣中。人们常利用金和银的这种差别将两者分离。在与空气中氧接触下，细微银粉溶于稀硫酸。与金相似，银也溶于饱和有空气的碱金属和碱土金属的氰化物溶液中，溶于有 Fe^{3+} 存在的酸性硫脲溶液中。

银有两种氧化物，Ag_2O 和 Ag_2O_2。其中 Ag_2O 是一个碱酐，且只组成一类盐；Ag_2O_2 中的银分别为 Ag^+ 和 Ag^{3+}。Ag_2O 是淡棕黑色粉末，加热至 300℃，即被完全分解为金属银和氧。具有半导体性质的 $AgGaO_2$、$AgSeO_2$、$AgInO_2$ 及 $AgTiO_2$ 等近几年已被合成。

大多数银盐是无色，但下列几种是有颜色的银化合物：溴化银（灰黄色）、碘化银（黄色）、硫化银（黑色）、磷酸银（黄色）、亚砷酸银（黄色）、砷酸银（棕色）、铁氰化银（橙色）、铬酸银（淡红棕色）。这些盐类大多不溶于水，且曝于光中均变为黑色。硝酸银、氯酸银、高氯酸银、氟化银、亚硝酸银、硫酸银、乙酸银均溶于热水中。

银不溶于盐酸和稀硫酸中。浓硫酸与银作用生成硫酸银和二氧化硫气体，反应方程式如下：

$$2Ag + 2H_2SO_4 \Longrightarrow Ag_2SO_4 + SO_2 + 2H_2O \tag{1-1}$$

稀硝酸和浓硝酸与银作用生成硝酸银：

$$3Ag + 4HNO_3 \Longrightarrow 3AgNO_3 + NO + 2H_2O \tag{1-2}$$

银溶于浓硫酸或硝酸中而金则不溶，这是在试金分析中银和金分离的基础。

碱溶液与金属银不作用。在电动序中，银的位置近于氢。25℃时，$Ag^+ \rightarrow Ag$ 各种反应的标准氧化还原电位见表1-5。

表1-5　25℃时 $Ag^+ \rightarrow Ag$ 的标准氧化还原电位

反　　　应	电位/V	反　　　应	电位/V
$Ag^+ + e \Longrightarrow Ag$	0.7994	$AgN_3 + e \Longrightarrow Ag + N_3^-$	0.2933
$1/2Ag_2O + H^+ + e \Longrightarrow Ag + 1/2H_2O$	0.1172	$Ag_2S + 2H^+ + 2e \Longrightarrow 2Ag + H_2S$	-0.0362
$1/2Ag_2O + 1/2H_2O + e \Longrightarrow Ag + OH^-$	0.3450	$AgCl + e \Longrightarrow Ag + Cl^-$	0.2223
$Ag_2O + Hg \Longrightarrow 2Ag + HgO$	0.2446	$AgBr + e \Longrightarrow Ag + Br^-$	0.0713
$Ag_2CrO_4 + 2e \Longrightarrow Ag + CrO_4^{2-}$	0.4468	$AgI + e \Longrightarrow Ag + I^-$	0.1521

在化学反应中银通常呈现为+1 价，但也存在+2 价、+3 价。如臭氧和过硫酸铵与 Ag^+ 作用可氧化至 Ag^{2+}；二氟化银（AgF_2）由粉末状的金属银与氟互相作用得到。当电解 $AgNO_3$ 溶液时，在铂阳极上析出化合物 Ag_7NO_{11}，这时部分银以 Ag^{2+} 形式出现。如在 Ag_2O_3 和 $KAgF_4$ 形式的化合物中，Ag 以+3 价呈现。Ag^{2+} 和 Ag^{3+} 在 $HClO_4$ 溶液中相当稳定，利用这一特性可作为分析中的强氧化剂。

无论银以金属还是化合物形式存在于矿物中，都可用氰化钠溶液从粉碎的矿石中把它提取出来。

$$4Ag + 8NaCN + 2H_2O + O_2 \Longrightarrow 4NaAg(CN)_2 + 4NaOH \tag{1-3}$$

$$Ag_2S + 4NaCN \Longrightarrow 2NaAg(CN)_2 + Na_2S \tag{1-4}$$

$NaAg(CN)_2$ 与锌作用即可得到金属银：

$$2NaAg(CN)_2 + Zn \Longrightarrow 2Ag + Na_2Zn(CN)_4 \qquad (1-5)$$

1.1.3　金、银的用途

由于黄金、白银的化学性质稳定、色彩瑰丽夺目、久藏不变、易于加工，因此，金、银主要用作首饰、货币的原料等，现在其用途深入科技、工业和医疗等方面。

自从商品出现以后，随之出现了货币。最早充当货币的不是金、银，而是农、牧产品，如羊、布、茶叶等，然后是铜，后来才是金、银。我国"虞夏之币，或黄，或白，或赤"，指的不一定是金、银、铜，因无出土文物为证。但可以确信无疑的是楚国的金币"郢爰"，又称金饼子，距今已有 2000 多年。公元前 6 世纪，古波斯铸造了著名的"大流克"金币。我国银币则较晚，自制的第一批银圆是清光绪年间铸造的，每枚含银 0.72 两。

"金银天然不是货币，但货币天然是金银。"这句话是指金、银被人类发现后，不是天然地就成为货币，而是当货币出现后，金、银才成为理想的货币。尽管金、银是理想的货币材料，但今天已很少用金币、银币作流通手段，而大量是用作储备、支付手段。

金、银在科技、工业及其他方面的用途如下：

（1）电接触材料。金、银及其合金是目前最重要、较经济的电接触材料，适用于中等负荷的电器，如银-氧化镉合金，便是理想的高负荷电接触材料。金或金基合金不仅可用作开关接点，还可用于滑动接触材料。

（2）电阻材料。金、银及其合金，常用作电阻材料。如银-锰（锡）合金的电阻系数适中、电阻温度系数低、对铜热电势小，可用作标准电阻；金-钯-铁合金中再加铝、钛、镓及钼等元素，可得到高电阻系数、低温度系数的电阻材料。

（3）测温材料。贵金属中的金、银和铂、钯、铱、铑组成的合金，可用作测温元件。如 PtRh10-AuPd40 的热电偶可用于航空测温仪表；Ag-Pd 热电偶在 400℃ 以下很稳定，可用作标准温度计。

（4）焊接材料。贵金属及其合金是重要的焊接材料，如银基合金钎焊料的熔点低、强度高、塑性和加工性能好，在各种介质中有良好的耐蚀性及良好的导电性。AgMn15 合金用来焊接高温工作零件，如喷气式发动机的涡轮导向叶片和燃烧室零件等。金基合金钎焊料比银基合金具有更好的性能，如 AuNi18 合金有极好的高温性能，可用来钎焊航空发动机的叶片；Au-Ni-Cu 钎焊料可用作电子元件的一级钎料。

（5）氢净化材料。钯对氢（及其同位素）具有选择透过性，但纯钯的稳定性差，不宜用作氢净化材料。一般在钯中添加第二组元又会降低透氢速度，但加金、银则不会，因此，金、银与钯组成的钯基合金，是极好的氢净化材料。

（6）厚膜浆料。厚膜浆料通常是指在用厚膜工艺制作集成电路时，用丝网漏印法涂覆于陶瓷基体上，再经烧成而在基体上形成导体、电阻和介质膜的一种材料。性质良好的厚膜浆料多数是贵金属浆料。浆料又分导体浆料和电阻浆料。

银浆的导电性、可焊性、端接性和与陶瓷的附着力都比较好，是厚膜工艺中使用最早者；金浆在微波领域得到选用。金钯系浆料，可用于高度可靠性或多层厚膜的电路上。电阻浆料中，银钯系属于第一代成功的电阻系列。在银钯电阻的基础上加金，其电阻值范围、电阻温度系数和热稳定性都得到改善。

（7）石油、化工催化剂。负载型银催化剂最主要的工业应用是乙烯氧化制环氧乙烷，该催化剂一般采用 α-Al_2O_3 作载体，含银量为 $10\% \sim 30\%$；金催化剂最多的应用就是环化反应，可以合成苯环、吲哚环、喹啉环、咪唑环、噁唑环等。

（8）电镀。电镀用量最多的贵金属是金、银。纯银电镀一般用于防腐、装饰、电工仪器、接触零件、反光器材、化学器皿等。银基合金电镀用于提高镀层硬度、耐磨性、耐蚀性。纯金电镀用于仪表精饰加工、防腐，在电子工业上应用尤为广泛，如高频电子元件镀金，可提供十分良好的导电性；金基合金电镀一般比电镀纯金有较强的耐磨性和较高的光亮度。

（9）其他用途。金在航天工业上还有特殊用途，宇航服镀上一层 0.0002mm 厚的黄金，就可免受辐射和太阳热。美国"甲虫"号宇航站的外壳就加装了铝镀金塑料的隔热反射屏，使站内温度由 43℃降到 24℃。金及其合金或化合物还广泛应用在制药、理疗、牙科上。银是重要的感光材料，大量银及银盐用于医疗、科技、民用摄影等方面。金、银还大量用于轻工、美术工艺上。

1.2　铂族金属的性质与用途

1.2.1　铂族金属的物理化学性质

铂族金属的 6 个元素位于元素周期表第Ⅷ族，这 6 个元素组成两个三元素组。钌、铑、钯的相对密度约为 12，被称为轻铂族金属；锇、铱、铂的相对密度约为 22，被称为重铂族金属；它们都是难熔的金属，在每个三元素组中，它们的熔点从左到右逐渐降低，铂族金属中最难熔的是锇（熔点为 2727℃），最易熔的是钯（熔点为 1555℃）。

这两个三元素组对应地形成了三个元素对：

（1）锇与钌。锇与钌硬度高并且脆，因此不能承受机械加工。

（2）铑与铱。铑与铱可以承受机械加工，但很困难。

（3）铂与钯。铂与钯易受处理，尤其是铂，纯净的铂有很高的塑性，可以冷轧成厚度为 0.0025mm 的铂箔。

铂族金属的主要物理性质见表 1-6。

表 1-6　铂族金属的主要物理性质

金属	钌（Ru）	铑（Rh）	钯（Pd）	锇（Os）	铱（Ir）	铂（Pt）
颜色	银白色	银白色	银白色	蓝灰色	银白色	淡银白色
原子序数	44	45	46	76	77	78

续表 1-6

金属	钌（Ru）	铑（Rh）	钯（Pd）	锇（Os）	铱（Ir）	铂（Pt）
相对原子质量	101.07	102.905	106.4	190.2	192.2	195.09
主要化合价	+2、+3、+4*、+6、+7、+8	+3*、+6	+2*、+4	+2、+3、+4、+6、+8*	+3*、+4*、+6	+2*、+4*、+6
密度（20℃）/g·cm^{-3}	12.3	12.42	12.03	22.7	22.65	21.45
熔点/℃	2427	1966	1555	2727	2454	1769
沸点/℃	3900	3727±100	3127	约5000	4527±100	3827±100
比热容/J·(g·K)$^{-1}$	0.2303	0.2462	0.2460	0.1291	0.1283	0.1313
电阻温度系数（0~100℃）	0.0042	0.0046	0.0038	0.0042	0.0043	0.0039
线膨胀系数（0~100℃）/℃$^{-1}$	9.1	8.3	11.1	6.1	6.8	9.1
莫氏硬度	6.5	5.7	4.8	7	6.5	4.3

注：* 为常见的化合价。

大多数铂族金属能吸收气体，特别是氢气，氢气甚至可以溶解于铂族金属中。对氢来讲，锇最不活泼，块状的锇几乎不吸收氢，最活泼的是钯，在常温下，1 体积的钯能溶解 700 体积以上的氢。在真空中把金属加热到 100℃，溶解的氢就完全放出。氢在铂中的溶解度很小，但是铂溶解氧的本领比钯强得多。1 体积的钯只能吸收 0.07 体积的氧，而 1 体积的铂却能溶解 70 体积左右的氧。铂族元素吸收气体的能力和它们的高度催化性能有密切关系，所有铂族金属的催化活性都很高，而金属细末（黑）的催化活性尤其大。

铂族金属是典型的贵金属，它们的化学稳定性特别高，具有极好的抗腐蚀及抗氧化性能，且熔点高，因而是最好的高温耐腐蚀金属材料。但对于各种腐蚀的抵抗能力，它们相互之间又有显著的差别，其抗腐蚀性能见表 1-7。钌、铑、锇不但不溶于一般的酸（如盐酸、硝酸、硫酸等），并且也不溶于王水。铂和钯易溶于王水，钯还可溶于浓硝酸及热硫酸。然而，所有的铂族金属在有氧化剂存在时与碱一起熔化可转变成可溶性的化合物。此外铂族金属均易溶于液体铅、锌、锡中，这对碎化铂族金属起着重要作用。

表 1-7 贵金属的耐腐蚀性能

腐蚀介质	Au	Ag	Pt	Pd	Rh	Ir	Os	Ru
浓 H_2SO_4	不腐蚀	轻微腐蚀	不腐蚀	不腐蚀	不腐蚀	不腐蚀	不腐蚀	不腐蚀
1mol/L HNO_3	不腐蚀	轻微腐蚀	不腐蚀	不腐蚀	不腐蚀	不腐蚀		不腐蚀
70% HNO_3	不腐蚀		不腐蚀	强烈腐蚀	不腐蚀		腐蚀	不腐蚀
HNO_3 70%（100℃）	不腐蚀	强烈腐蚀	不腐蚀	强烈腐蚀	不腐蚀	不腐蚀	强烈腐蚀	不腐蚀
王水（室温）	强烈腐蚀	强烈腐蚀	强烈腐蚀	强烈腐蚀	不腐蚀	不腐蚀	强烈腐蚀	不腐蚀
王水（煮沸）	强烈腐蚀	强烈腐蚀	强烈腐蚀	强烈腐蚀	不腐蚀	不腐蚀	强烈腐蚀	不腐蚀
36%盐酸（室温）	不腐蚀	不腐蚀	不腐蚀	不腐蚀	不腐蚀	不腐蚀	不腐蚀	不腐蚀

续表1-7

腐蚀介质	Au	Ag	Pt	Pd	Rh	Ir	Os	Ru
36%盐酸(100℃)	不腐蚀	强烈腐蚀	轻微腐蚀	轻微腐蚀	不腐蚀	不腐蚀	腐蚀	不腐蚀
Cl₂(干)	轻微腐蚀		轻微腐蚀	腐蚀	不腐蚀	不腐蚀	不腐蚀	不腐蚀
Cl₂(湿)	轻微腐蚀		轻微腐蚀	强烈腐蚀	不腐蚀	不腐蚀	腐蚀	不腐蚀
NaClO 溶液(室温)			不腐蚀	腐蚀	轻微腐蚀		强烈腐蚀	强烈腐蚀
NaClO 溶液(100℃)			不腐蚀	强烈腐蚀	轻微腐蚀	轻微腐蚀	强烈腐蚀	强烈腐蚀
FeCl₃ 溶液(室温)	轻微腐蚀			腐蚀	不腐蚀	不腐蚀	腐蚀	不腐蚀
FeCl₃ 溶液(100℃)				强烈腐蚀	不腐蚀	不腐蚀	强烈腐蚀	不腐蚀
熔融 Na₂SO₄	不腐蚀		轻微腐蚀	腐蚀	腐蚀		轻微腐蚀	轻微腐蚀
熔融 NaOH	不腐蚀	不腐蚀	轻微腐蚀	轻微腐蚀	轻微腐蚀	轻微腐蚀	腐蚀	腐蚀
熔融 Na₂O₂	强烈腐蚀	不腐蚀	强烈腐蚀	强烈腐蚀	轻微腐蚀	腐蚀	强烈腐蚀	腐蚀
熔融 Na₂NO₃	不腐蚀	强烈腐蚀	不腐蚀	腐蚀	不腐蚀	不腐蚀	强烈腐蚀	不腐蚀
熔融 Na₂CO₃	不腐蚀	不腐蚀	轻微腐蚀	轻微腐蚀	轻微腐蚀	轻微腐蚀	轻微腐蚀	轻微腐蚀

铂族金属在常温下和氧、硫、氟、氯等非金属不起作用,但铂族金属都表现有强烈的形成配合物的倾向,例如氢氧化铂不论与酸或碱作用,都生成配合物:

$$Pt(OH)_2 + 4HCl = H_2PtCl_4 + 2H_2O \qquad (1-6)$$

$$Pt(OH)_4 + 2NaOH = Na_2[Pt(OH)_6] \qquad (1-7)$$

铂族金属在空气中加热时,钯在 350~790℃时氧化为氧化钯(PdO),温度再上升氧化钯又将分解。在 600~1000℃,铑和铱表面有氧化层生成,但高于此温度时,氧化物将分解成金属,这时表面又将恢复金属光泽。锇在粉末状态时,比较容易氧化。粉末状的锇在室温条件下暴露于空气中,有形成挥发性对眼睛有严重刺激作用的四氧化锇(OsO_4)的可能,若在空气中加热则反应更加迅速。钌在空气中加热到450℃以上时,缓慢生成弱挥发性的二氧化钌,用氯或溴处理碱金属钌盐时,则生成挥发性的四氧化钌。许多熔盐,如过氧化钠、硝酸钾、亚硝酸钠等,也能与锇、钌作用生成可溶性盐。铂在 250℃以上时与氯化合成二氯化铂(PtCl_2),在炽热高温时与氟化合成四氟化铂(PtF_4)和少量二氟化铂(PtF_2)。

在高温时,碳能熔于铂、钯,降温后碳又部分析出,使铂、钯变脆,即所谓中毒。所以熔融的铂、钯不能与碳接触。铂族金属及其合金熔炼时,通常选用刚玉或者氧化锆作坩埚材料,并在真空或惰性气体保护下的高温电炉中进行作业。

铂族金属具有可变的化合价。具有最高化合价的只有钌与锇,而铱与铂的最高价为+6价,铑及钯的最高价为+4 价。重铂族金属要比轻铂族金属容易生成高价的化合物。铂族金属化合物的性质及其差异是冶金过程中分离、提取各种单质铂族金属的主要依据,但铂族金属的化合物品种繁多、性质各异,其主要化合物见表1-8。

表 1-8　铂族金属的主要化合物

物相名称	铂	钯	铑	铱	锇	钌
氧化物	PtO 溶于酸；PtO₂ 不溶于王水，高温都易分解	PdO 不溶于各种酸，难溶于王水，高温分解易还原	Rh₂O₃、RhO₂	Ir₂O₃ 不溶于盐酸及王水；IrO₂ 溶解于盐酸，生成氯铱酸	OsO₄ 在 120℃时气化挥发；OsO₂ 为黑色氧化物，易还原	RuO₄ 在 65℃时气化挥发，溶于盐酸生成 RuCl₃
氢氧化物	Pt(OH)₂ 棕黄色沉淀；Pt(OH)₄ 棕色沉淀	Pd(OH)₄ 褐色沉淀	Rh(OH)₃ 黑色沉淀；Rh(OH)₄ 黄色沉淀，不溶于酸，易溶于酸	Ir(OH)₃ 橄榄色沉淀，容易转变为 4 价的氢氧化物；Ir(OH)₄ 蓝色沉淀		Ru(OH)₃ 黑色粉末，溶于硫酸外的其他酸，不溶于水、碱及氨水，在空气中氧化氢氧化钌，能自燃，可以被过氧化氢氧化，在 30~40℃时能被氢气还原
硫化物	PtS₂ 黑色沉淀，溶于王水	PdS 黑色沉淀，易溶于硝酸、王水	加热硫化时才能生成 Rh₂S₃ 黑色沉淀，不溶于酸而溶于王水	加热硫化时，才能生成 Ir₂S₃ 暗褐色沉淀，溶于王水	OsS₂ 黑色沉淀，不溶于酸而溶于王水	RuS₂ 黑色沉淀，不溶于酸而溶于王水
氯化物	PtCl₂ 绿棕色针状结晶，加热至 582℃时分解，能氧化生成 +4 价氧化物，不溶于水而溶于稀盐酸；PtCl₄ 褐棕色结晶，加热至 370~435℃时生成 PtCl₂，在还原剂的作用下，也能生成 PtCl₂，易溶于盐酸	PdCl₂ 稳定；PdCl₄ 易分解生成较稳定的 PdCl₂，都溶于盐酸	RhCl₃ 不溶于水而溶于盐酸；RhCl₄ 易还原为 +3 价铑的氯化物，易溶于盐酸	IrCl₃ 加热至 789℃时能分解生成金属铱；IrCl₄ 在 50℃时易分解生成 +3 价铱的氯化物，都溶于盐酸	OsCl₄ 和 OsCl₃ 都溶于盐酸	RuCl₄ 和 RuCl₃ 在空气中吸湿，都溶于盐酸

物相名称	铂	钯	铑	铱	锇	钌
氯络酸	H_2PtCl_4、H_2PtCl_6溶于水为黄色针状结晶	H_2PdCl_4、H_2PdCl_6棕红色，溶于水	H_3RhCl_6（或H_2RhCl_5）、H_2RhCl_6红色溶于水	H_3IrCl_6（或H_2IrCl_5）、H_2IrCl_6易溶于水	H_2OsCl_6	H_3RuCl_6为红褐色晶体或无定型红钛粉，极易潮解，溶于水、乙醇，不溶于乙醚；H_2RuCl_5为棕红色，经加热浓缩，结晶和红外干燥可获得黑褐色的$RuCl_3$晶体
氯络酸盐	K_2PtCl_4、Na_2PtCl_4橘黄色，易溶于水，不溶于水；K_2PtCl_6、Na_2PtCl_4橘黄色，易溶于水；$(NH_4)_2PtCl_4$黄色沉淀，可溶于水；$(NH_4)_2PtCl_6$黄色沉淀，不溶于水	K_2PdCl_4、Na_2PdCl_4棕黄色，溶于水；K_2PdCl_6、Na_2PdCl_6棕黄色，溶于水；$(NH_4)_2PdCl_4$易溶于水；$(NH_4)_2PdCl_6$不易溶于水	钾、钠盐溶于水；$(NH_4)_2RhCl_5$溶于水；$(NH_4)_2RhCl_6$不易溶于水	钾、钠盐溶于水；$(NH_4)_2IrCl_5$溶于水；$(NH_4)_2IrCl_6$不易溶于水	钾、钠盐溶于水；K_2OsO_4不溶；$(NH_4)_2OsCl_6$不溶	$(NH_4)_2RuCl_5$棕色溶于水；Na_2RuCl_5、K_2RuCl_5棕色立方结晶，溶于水及酒精，K_2RuCl_6难溶于水的黑色片状物，有红色反光；$(NH_4)_2RuCl_6$难溶于水的暗红色粉末
氨络盐	$Pt(NH_3)_2Cl_2$的反式盐、顺式盐均为黄色结晶，顺式盐均为白色，易溶于水；$Pt(NH_3)_2(NO_2)_2$顺式盐为白色菱形结晶，反式盐为白色针状结晶，均难溶于水	$Pd(NH_3)_2Cl_2$黄色沉淀，不溶于水；$Pd(NH_3)_4Cl_2$浅黄色溶液	$Rh(NH_3)_3Cl_3$不溶于水的鲜黄色菱形结晶	$[Ir(NH_3)_5Cl]Cl_2$白色沉淀，难溶		
亚硝基络盐	$Na_2Pt(NO_2)_4$易溶，pH值为10时也不分解；$K_2Pt(NO_2)_4$难溶于水的菱形结晶	$Na_2Pd(NO_2)_4$易溶，pH值不大于8时不分解，pH值为10时生成$Pd(OH)_2$沉淀	$Na_2Rh(NO_2)_5$易溶，pH值为10时也不分解	$Na_2Ir(NO_2)_5$易溶，pH值为10时也不分解		$Na_2Ru(NO_2)_5$易溶，pH为10时也不分解

1.2.2　铂族金属用途

铂族金属具有许多优良的性能，在国防、尖端科学技术方面起着重要作用，是"上天、入地、下海"不可缺少的宝贵原料，被誉为工业上的"维他命"。铂族金属中铂的产量最大、用途最广，其次是钯，两者合计占整个铂族金属产量和用量的90%以上。

铂族金属由于具有很好的熔点、导电性、化学稳定性、易回收等性能，广泛用于化学工业、电气工业及其他工业部门。铂族金属的合金具有以下特性：耐高温、耐腐蚀、耐氧化、耐摩擦、高温强度好、高延展性、低膨胀系数、热电稳定性高等，这些特性使得铂族金属合金在各个方面得到广泛应用。

（1）航空工业。用于制造喷气发动机的燃料喷嘴，喷气式飞机、火箭的起火电触头材料，宇宙飞船的前锥体的耐高温保护层、高效燃料电池。

（2）电子工业。用于电气测量仪表、高效电子管的阴极及 X 射线管的阴极屏、各种精密电阻材料、磁与电磁线材料、电磁管及微型电子器件材料、铂族金属浆料加工的印刷电路。

（3）化学工业。用于生产硝酸用的铂网触媒、石油化学工业用的催化剂、生产人造纤维时用的铂合金喷丝头、生产超纯氢气用的钯膜或钯管过滤原件、电解的阳极材料（如钌、铱）、化工设备的防腐材料等。

（4）原子工业。用于重水的生产和钌的分离。

（5）高温计的应用。广泛用作测温材料，如用作热电偶（测高温的 Pt-Rh 热电偶等）。

（6）医疗应用。铂铱合金环应用于心脏支架、牙科种植体和其他医疗设备。

（7）其他方面。用于实验室的精密仪器、铂坩埚、装饰器、铸币、各种高级金笔、汽车内燃机、精密机床等。

近年来很多国家的空气被汽车和工厂排出的废气严重污染，因此已陆续有人使用铂作为催化剂来还原或氧化一氧化碳、氧化氮和碳氮化合物变为无害的氮、氧、二氧化碳和水。

1.3　金、银矿物资源

1.3.1　金矿资源

金在地壳中丰度值本来就很低，又具有亲硫性、亲铜性、亲铁性、高熔点等性质，要形成工业矿床，金要富集上千倍才能形成大矿、富矿，规模巨大的金矿一般要经历相当长的地质时期，通过多种来源、地质构造演化和多次成矿作用叠加才可能形成。因此，金矿床类型复杂多样，主要有砾岩型、绿岩带型、石英脉型、韧性剪切带型、卡林型、斑岩型、浅层低温热液型、火山岩型、新生代砂矿等。

世界现查明的黄金资源量为 8.9 万吨，储量基础为 7.7 万吨，储量为 4.8 万吨。世界上有 80 多个国家生产黄金，南非占世界查明黄金资源量和储量基础的 50%，占世界储量的 38%；美国占世界查明资源量的 12%，占世界储量基础的 8%，世界储量的 12%。除南非和美国外，主要的黄金资源国还有俄罗斯、乌兹别克斯坦、澳大利亚、加拿大、巴西等国。在世界 80 多个黄金生产国中，美洲的产量占世界产量的 33%（其中拉美 12%、加拿大 7%、美国 14%）、非洲占 28%（其中南非 22%）、亚太地区占 29%（其中澳大利亚占 13%、中国占 7%）。

目前我国黄金储量仅次于南非、俄罗斯、美国、加拿大，居世界第五位。我国除上海外都有金矿分布，主要矿床和产地分布有山东、河南、贵州、黑龙江、陕西、广西、云南、辽宁、河北、新疆、四川、甘肃、内蒙古、青海、安徽等省区。我国主要黄金产区有 4 处，即胶东半岛、小秦岭地区、滇黔桂金三角和西北地区（新疆、青海、四川）。根据金矿床与区域地质条件，我国主要金矿基本分布在 9 个金矿区域内：

(1) 东北北部砂金矿区。该矿区主要有黑河、呼玛、乌拉嘎和桦川一带的砂金矿，属于河流冲积砂矿。近年来在中生代侏罗纪火山岩-浸入体中找到团结式原生金矿床。

(2) 燕辽金矿区。该矿区包括吉林东部及河北东部的一些金矿床。大部分为产于前震旦纪的片麻岩、片岩及花岗闪长岩中的含金石英脉矿床，其中有夹皮沟、金厂峪、五龙、张家口等金矿床。

(3) 山东金矿区。山东招远一带含金石英脉开采历史悠久，有玲珑金矿床等，后来又发现蚀变花岗岩型金矿床，如三山岛、焦家、新城等大型金矿床。这一地区金矿储量和产量均居全国第一位。

(4) 东南地区金矿区。该矿区包括湘、桂的脉金，多为板溪系的矿化板岩和边溪亚群中的含金石英脉。该地区金矿较多，但规模较小，湘西金矿是该区最大的金矿。

(5) 秦岭—祁连山金矿区。该区以矿脉成群、品位高、多金属共生为其特点。代表性的矿山有秦岭、文峪、潼关等金矿。

(6) 西南地区。金沙江流域及四川盆地的一些河流的阶地砂金矿区。

(7) 台湾金矿区。包括 1890 年发现基隆川筋砂金矿，1893 年发现瑞芳金矿，1894 年又发现金瓜石金矿，1901 年牡丹坑山发现大型富金矿。金瓜石金矿是与第三纪火山岩有关的大型金矿。

(8) 新疆金矿区。新疆北部及阿尔泰山区的西南部脉金和东南地区的砂金，资源十分丰富。

(9) 西藏金矿区。该矿区分布于雅鲁藏布江以南各支流两侧的阶地之中。

1.3.2 银矿资源

含银矿物有 200 多种，其中以银为主要元素的银矿物和含银矿物有 60 余种，但具有重要经济价值可作为白银生产的主要原料有 12 种：自然银（Ag）、银金矿（Ag，Au）、辉银矿（Ag_2S）、深红银矿（Ag_3SbS_3）、深红银矿（Ag_3AsS_3）、角银矿（AgCl）、脆银矿（Ag_2SbS_3）、锑银矿（Ag_3Sb）、硒银矿（Ag_3Se）、碲银矿（Ag_2Te）、锌锑方辉银矿（$5Ag_2Sb_2S_3$）、硫锑铜银矿（$8(Ag,Cu)Sb_2S_3$）。

银属铜型离子，亲硫，极化能力强。在自然界中常以自然银、硫化物、硫盐等形式存在，因其离子半径较大，又能与巨大的阴离子硒和碲形成硒化物和碲化物。但它通常最喜欢潜藏在方铅矿中，或作机械混入、类质同象潜晶；其次是赋存于自然金、黝铜矿、黄铜矿、闪锌矿等矿物中。因此在铅锌矿、铜矿、金矿开采、冶炼过程中往往也可回收银。

自然界银矿物或含银矿物种类繁多，它们又可在不同的地质作用阶段形成，因此这些银矿物常分布在不同的矿相中，甚至好几种银矿物赋存于同一矿石之中，它们除独立呈粗粒单晶存在，嵌布于脉石矿物中外，还有与方铅矿、闪锌矿、黄铁矿、黄铜矿等呈细微的连晶出现，也有呈分散状态赋存于上述矿物之中。

全球银矿资源较为丰富，形成于各个地质时期及各种地质构造环境和各种岩石类型中。从前寒武纪到新生代，由稳定的地盾区到活动的地槽褶皱带都有银矿分布，但主要成矿区为中生代-新生代，其次为古生代和前寒武纪。整体来看，全球银矿资源主要分布在几个大型银矿成矿带：太平洋褶皱带、地中海褶皱带、大西洋褶皱带、蒙古—鄂霍次克褶皱带及古老的地质区。太平洋褶皱带有10个银矿集中区、地中海褶皱带有6个银矿集中区、大西洋褶皱带有2个银矿集中区、蒙古—鄂霍次克褶皱带有4个银矿集中区、古老的地质区有5个银矿集中区。此外，在大洋裂谷带现代的硫化物沉积中，有许多也富含银，有的甚至银含量很高，有独立的银矿物。

全球银矿资源丰富，储量巨大，分布广泛，主要集中在北美洲、南美洲、欧洲、亚洲和澳大利亚，遍及全球50多个国家。从全球银矿资源的空间展布来看，储量相对集中于秘鲁、波兰、智利、澳大利亚、中国、墨西哥、美国、玻利维亚和加拿大等国家，银储量之和占全球总储量的90%以上。

中国是世界上发现和开采利用银矿最早的国家之一，据甘肃玉门火烧沟遗址中出土的耳环、鼻环等银质饰品考证，早在新石器时代的晚期，中国古代劳动人民就认识银矿，并且采集、提炼白银，加工制作饰物。

根据美国地质调查局统计，全球银储量为55万吨，中国银储量约5万吨，位居全球第五。中国银矿资源分布广泛，遍及30个省、自治区、直辖市，但银矿储量主要分布在大兴安岭、太行—燕辽、东秦岭、东南沿海、西南三江等地，其中内蒙古、云南、江西、广东、西藏、河南、湖北7个省区的储量约占全国总储量的62.5%。

在中国已查明的银矿产地中，以共伴生银矿为主，少数独立银矿。其中重要的独立银矿和共伴生银矿有广东凡口铅锌银矿、河南破山银矿（桐柏银矿）、辽宁高家堡子银矿、陕西银硐子银铅多金属矿（陕西银矿）、吉林山门银矿、江西银露岭铅锌银矿和鲍家铅锌矿、湖北银洞沟银金矿（湖北银矿）、甘肃小铁山多金属矿、河北丰宁牛圈银金矿、广东庞西洞银矿（廉江银矿）、浙江银坑山金银矿、江西虎家光银矿（万年银矿）、内蒙古甲乌拉银铅锌矿、广西凤凰银矿等。

中国银矿以共伴生银矿为主，共生银矿以银铅锌矿为多，其保有储量占银矿储量的64.3%。伴生银矿主要产在铅锌矿（占伴生银矿储量的44%）和铜矿（占伴生银矿储量的

31.6%）中。与银共生或伴生的除了铅锌矿和铜矿外，还有锡矿、金矿及多金属矿等。

中国银矿资源特点是：

（1）大型银矿少，其中大型（银储量大于 1000t）约 130 个，中型约 300 个，小型（银储量小于 200t）约 1500 个。

（2）独立银矿（或主银矿）少、共生银矿和伴生银矿多，银品位大于 150g/t 的独立银矿储量约为 4.5 万吨，银品位为 100～150g/t 的共生银矿储量约为 1.8 万吨，银品位小于 100g/t 的伴生银矿储量约为 12.5 万吨。

（3）银矿品位普遍偏低。在已查明的银矿资源中，银品位超过 1000g/t 的矿床只有 3 个，即巴彦查干苏木银多金属矿、盈江狮子山矿区铅锌银矿、山东省莱西市小东馆矿区，品位为 500～1000g/t 的矿床为 15 个，200～500g/t 的 103 个。

（4）银矿成矿地质条件良好，潜在资源较丰富，从成矿环境看，我国地处滨西太平洋、特提斯—喜马拉雅和古亚洲三大银成矿域。控制成矿各个时代的海相、陆相火山作用强烈，尤其在地槽褶皱带、地台活化区、地台边缘拗陷、断陷火山盆地及深大断裂等各级构造区都是我国具有寻找潜在银资源的地质构造区。

1.4　铂族金属矿物资源

铂族金属矿物分为原生矿床与冲积矿床两类。

1.4.1　原生矿床

原生矿床有两种类型：

（1）超基性岩。超基性岩尤其是在纯橄榄岩中呈分散或部分富集体存在，矿物主要为自然铂与铱锇矿，常与铬铁矿共生。近年来，各种铜矿床、钼矿床、金矿床、锡矿床、铀矿床、黑色页岩、超变质岩和古砾石内也发现了铂族金属矿物。

（2）磁性铜镍硫化矿床。磁性铜镍硫化矿床常与紫苏辉长石共生，在此类矿床中铂与钯占主要地位。在铜镍硫化矿床中，铂和钯等铂族金属多以碲、锑、铅、镍、锡、砷、硫等化合物形式存在，如锑铂矿（$PtSb_2$）、砷铂矿（$PtAs_2$）、库硫铂矿（PtS）、硫砷铂矿、辉铂镍矿和含铂、钯的磁黄铁矿、黄铜矿、硫镍矿等。

在铬铁矿型铂矿中，铂族金属多以自然元素、金属硫化物、硫和砷化物形式出现，如粗铂矿、铱铂矿、锇铱矿等。

1.4.2　冲积矿床

冲积砂矿中铂的矿物与金、铱、锇矿、磁铁矿、石英集在一起，以自然元素状态为主。铂的砂矿至今还是铂族金属生产的主要来源之一。

1.4.3　几种典型的自然矿石

（1）自然铂。自然铂常呈粒状存在，也有呈块状存在，自然铂含铂在 50% 以上，常高至 90%，并含铱、锇、钯等。自然铂含有相当数量的铁，呈磁铁矿形式存在，还含有少量铜与镍，间或含有金。

（2）自然钯。自然钯外形如自然铂，区别在于自然钯受王水及 1∶1 HCl+CrO₃ 的浸蚀较快，在王水中迅速变褐色，而自然铂在 1∶1 的 HCl+CrO₃ 中微变褐色。自然钯产于与超基性岩石有关的铂矿床及砂矿床中，也产于铜镍硫化物矿床的氧化带中，与自然铂、锑钯矿、铂的硫化物、铜、铁、镍的硫化物及铬尖晶石等伴生。

（3）铱锇矿。铱锇矿呈银白色到暗灰色不规则的扁平颗粒，相对密度约为 19，硬度为 6~7。主要由锇与铱组成，含锇 17%~68%、铱 22%~77%，并含有少量钌、铑、金。

（4）铑钌矿。铑多存在于天然铂、铂矿，铱锇矿中与金生成合金者少见；钌主要存在于铱锇矿及铂矿中，有时成为硫钌矿（RuS₂ 或 Ru₂S₃）或与锇共生成为（Ru，Os）S₂ 而产出，但很少见。铑、钌的主要资源仍在铜及镍矿中。

铂族金属在地壳中的含量极少且分散，通常以微量组分存在于基性及超基性火成岩中，有时也发现于花岗岩的矿石中。在 19 世纪前，主要是开采较富的砂矿；在 20 世纪 30 年代，则以开采含铂的铜镍硫化矿床为主，开采品位越来越低，每吨矿石只含有零点几克至十几克的铂族金属，且世界上铂族金属储量分布高度集中在南非，世界上从铜镍硫化矿冶炼的副产品中提取铂族金属已成为生产铂族金属的重要途径。另外，从废汽车尾气净化催化剂、废石化 Pt/Pd 石化催化剂、废钯碳催化剂、废有机铑催化剂等各种二次资源中回收的铂族金属量在世界使用量中占有相当的比例。

复习思考题

1-1　简述金和银的物理性质。

1-2　简述金和银的化学性质。

1-3　简述金和银的用途。

1-4　简述铂族金属的物理性质。

1-5　简述铂族金属的化学性质。

1-6　简述我国金银矿的资源特点。

1-7　简述铂族金属矿物的资源特点。

2　金银矿提取技术

2.1　概　　述

金银矿主要分为自然金矿、银矿、金银矿、其他伴生金银硫化矿（如黄铁矿、砷黄铁矿、方铅矿、硫化铜矿、辉锑矿、辉银矿等）和银锰矿等。

对自然金矿、银矿、金银矿等采用重选、浮选、混汞和氰化等处理；对于伴生金银硫化矿采用浮选富集，获得浮选精矿，根据精矿种类，采用火法、湿法提取。如浮选获得黄铁矿精矿，采用焙烧脱硫，再采用氰化提金银；浮选获得方铅矿精矿，采用火法熔炼得到金银粗铅，经湿法电解，从铅阳极泥提取金银；浮选获得硫化铜金矿，采用火法熔炼得到粗铜，经湿法电解，从铜阳极泥提取金和银。

2.2　氰化法提金、银

2.2.1　氰化浸出热力学

用碱金属或碱土金属氧化物溶液浸出金、银时，空气中的氧可使金、银氧化成 Me^+，并以 $Me(CN)_2^-$ 形态进入溶液中，其反应方程为：

$$2Me + 4CN^- + O_2 + 2H_2O = 2[Me(CN)_2]^- + 2OH^- + H_2O_2 \tag{2-1}$$

$$2Me + H_2O_2 + 2CN^- = 2[Me(CN)_2] + 2OH^- \tag{2-2}$$

金溶解主要按式（2-1）的反应进行：

$$2Au + 4CN^- + O_2 + 2H_2O = 2[Au(CN)]_2^- + 2OH^- + H_2O_2 \tag{2-3}$$

银溶解主要按式（2-1）和式（2-2）的加合反应进行：

$$4Ag + 8CN^- + O_2 + 2H_2O = 4[Ag(CN)_2]^- + 4OH^- \tag{2-4}$$

金的标准电极电势如下：

$$Au^+ + e = Au \quad \varphi^\ominus = +1.88V \tag{2-5}$$

工业上多数氧化剂的标准电极电势均比该值负，不能使金氧化。在碱性氰化物溶液中，通常以空气中的氧作为溶解金的氧化剂，而氧的标准电极电势值也相对负得多：

$$O_2 + 2H_2O + 4e = 4OH^- \quad \varphi^\ominus = +0.40V \tag{2-6}$$

O_2 被还原为 OH^-，其标准电极电势为：

$$O_2 + 2H_2O + 2e = H_2O_2 + 2OH^- \quad \varphi^\ominus = 0.15V \tag{2-7}$$

H_2O_2 被还原成 OH^-，其标准电极电势为：

$$H_2O_2 + 2e \Longrightarrow 2OH^- \quad \varphi^\ominus = +0.95V \tag{2-8}$$

显然，上述氧化剂都不能使金属状态的金氧化为 Au^+ 进入溶液，但是，根据能斯特公式，金属在其盐类水溶液中的电解电势与其金属离子的活度有关：

$$\varphi = \varphi^\ominus + \frac{RT}{nF}\lg a_{Me^+} \tag{2-9}$$

式中 φ——金属在其盐的水溶液中的电极电势，V；

$\varphi^\ominus$——金属的标准电极电势，V；

R——摩尔气体常数，$R = 8.314kJ/(mol \cdot K)$；

T——热力学温度，K；

n——参加反应的电子数；

F——法拉第常数，$F = 96500C/mol$；

a_{Me^+}——金属离子在溶液中的活度。

在 25℃下，代入常数项，金的电极电势为：

$$\varphi = 1.88 + 0.059\lg\alpha_{Au^+} \tag{2-10}$$

式（2-10）说明，用降低溶液中 Au^+ 活度的方法就能使金的电极电势降低，这就是金在氰化物溶液中溶解的基本理论依据。

Au^+ 与 CN^- 能形成非常稳定的配合物，其解离平衡反应为：

$$[Au(CN_2)]^- \Longrightarrow Au^+ + 2CN^- \tag{2-11}$$

式（2-11）向左进行的趋势非常大，其解离常数非常小：

$$\beta = \frac{a_{Au^+}a_{CN^-}^2}{a_{[Au(CN)_2]^-}} = 1.1 \times 10^{-41} \tag{2-12}$$

将式（2-12）求出的 Au^+ 活度代入式（2-10），则：

$$\varphi = 1.88 + 0.059\lg\left(1.1 \times 10^{-41} \frac{a_{[Au(CN)_2]^-}}{a_{CN^-}^2}\right)$$

简化得：

$$\varphi = -0.54 + 0.059\lg\frac{a_{[Au(CN)_2]^-}}{a_{CN^-}^2} \tag{2-13}$$

式（2-13）表示在含有自由 CN^- 的溶液中，金的电极电势特性为：

$$[Au(CN)_2]^- + e \longrightarrow Au + 2CN^- \tag{2-14}$$

当 $a_{[Au(CN)_2]^-} = 1$ 和 $a_{CN^-} = 1$ 时，该反应的标准电极电势为 $-0.54V$。

因为氧化和还原反应的标准电极电势已知，所以能计算出式（2-1）和式（2-2）的反应平衡常数和吉布斯自由能的变化：

$$\lg K = \frac{(\varphi_{氧化} - \varphi_{还原})nF}{2.3RT}$$

$$\Delta G_{298} = -(\varphi_{氧化} - \varphi_{还原})nF$$

式中 K——平衡常数；

$\varphi_{氧化}$，$\varphi_{还原}$——正极和负极的标准电极电势，V；

ΔG_{298}——在标准状态下反应的吉布斯自由能变化，J/mol。

在25℃时，按式（2-1）反应的金溶解平衡常数和$\Delta G^{\ominus}$为：

$$\lg K = \frac{[-0.15-(-0.54)] \times 2 \times 96500}{2.303 \times 8.314 \times 298} \approx 13.2$$

$$K \approx 2 \times 10^{12}$$

$$\Delta G_{298}^{\ominus} = -[-0.15-(-0.54)] \times 2 \times 96500 \times 10^{-3} = -75.3(kJ/mol)$$

按式（2-2）的反应，在25℃时，金溶解的$\lg K = 50.5$，$K \approx 3 \times 10^{50}$；因此$\Delta G_{298}^{\ominus} = -288kJ/mol$。

平衡常数很高，反应的$\Delta G^{\ominus}$很低，说明金无论按式（2-1）或式（2-2）反应，都能溶解得较完全。由于Au^+能形成稳定的配合物，氰离子的存在使金的电极电势急剧下降，使金溶解，并以$[Au(CN)_2]^-$形态进入溶液，从而创造了必要的热力学条件。

银在氯化物溶液中溶解与金相似，其标准电势$\varphi^{\ominus}$为$+0.80V$，解离常数β为1.8×10^{-19}。

计算结果得到：

$$[Ag(CN)_2]^- + e \longrightarrow Ag + 2CN^- \qquad \varphi^{\ominus} = -0.31V \qquad (2-15)$$

银按式（2-1）反应溶解，其热力学数据：$K = 3 \times 10^5$、$\Delta G_{298}^{\ominus} = 30.9kJ/mol$。按式（2-2）反应溶解，$K = 5 \times 10^{42}$、$G_{298}^{\ominus} = -243kJ/mol$。

从热力学观点来看，金按式（2-1）和式（2-2）反应进行都能较完全溶解，但正如前面所讲，金在氰化物水溶解主要按式（2-1）反应进行。而式（2-2）在动力学方面是很难进行的，即使进行，也是极有限的。

2.2.2　氰化浸出动力学

大量研究证实，金、银溶解于氰化溶液属于电化学溶解。现以银的氰化配合浸出为例，其主要反应：

$$2Ag + 4NaCN + O_2 + 2H_2O =\!=\!= 2NaAg(CN)_2 + 2NaOH + H_2O_2 \qquad (2-16)$$

这一反应可分成如下两个半电池反应，即阳极发生氧化溶解反应，阴极为氧的去极化作用。

阳极反应：
$$Ag + 2CN^- - e =\!=\!= Ag(CN)_2^- \qquad (2-17)$$

阴极反应：
$$O_2 + 2H_2O + 2e =\!=\!= H_2O_2 + 2OH^- \qquad (2-18)$$

由于银的氰化溶解化学反应非常迅速，因此决定过程速度的控制因素是扩散，即银的氰化溶解处于扩散区域。图2-1为银的氰化配合溶解示意图。

由于化学速度$\gg$扩散速度，故可认为$c_{CN^-(s)}$、$c_{O_2(s)}$，因此，在阳极液中，银向阳极表面的扩散速度为：

$$\frac{dc_{CN^-}}{dT} = \frac{D_{CN^-}}{\delta} A_2 [c_{CN^-} - c_{CN^-(s)}] = \frac{D_{CN^-}}{\delta} A_2 c_{CN^-} \qquad (2-19)$$

式中　D_{CN^-}——CN^-的扩散系数；

　　　c_{CN^-}——液流中心 CN^- 的浓度；

　　$c_{CN^-(s)}$——反应界面上 CN^- 的浓度；

　　　　δ——扩散层厚度；

　　　　A_2——阳极区面积；

　　　　T——时间。

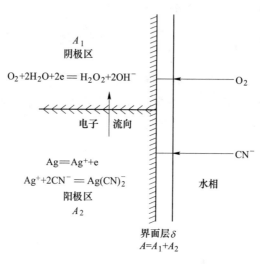

图 2-1　银的氰化配合溶解示意图

A_1—阴极区面积；A_2—阳极区面积

在阴极液中，O_2 向阴极表面的扩散速度为：

$$\frac{dc_{O_2}}{dT} = \frac{D_{O_2}}{\delta}A_1\left[c_{O_2} - c_{O_2(s)}\right] = \frac{D_{O_2}}{\delta}A_2c_{O_2} \tag{2-20}$$

式中　D_{O_2}——O_2的扩散系数；

　　　c_{O_2}——液流中心 O_2 的浓度；

　　$c_{O_2(s)}$——反应界面上 CN^- 的浓度；

　　　　δ——扩散厚度；

　　　　A_1——阴极区面积；

　　　　T——时间。

由以上分析可知，银的配合溶解速度取决于 CN^- 和 O_2 的扩散速度。从前面所述的银的氰化溶解主要反应可知，一个分子的氧可以氧化两个分子的银，而一个分子的银要与两个氰离子配合，当两个速度相等时银的溶解速度最快。设银与氰化溶液接触的总面积 $A = A_1 + A_2$，则可推导出其溶解速度方程：

$$v = \frac{2D_{CN^-}D_{O_2}c_{CN^-}c_{O_2}}{A\left(\delta D_{CN^-}c_{CN^-} + 4\delta D_{O_2}c_{O_2}\right)} \tag{2-21}$$

从式（2-21）可以看出：当 c_{CN^-} 很低而 c_{O_2} 很高时，分母的第一项可以忽略不计，得

$v = \dfrac{1}{2\delta D_{CN^-}c_{CN^-}A}$，表明银的溶解速度只与 c_{CN^-} 有关；当 c_{CN^-} 很高而 c_{O_2} 很低时，分母的第二项

可以忽略不计，此时 $v = \dfrac{2}{\delta D_{O_2}c_{O_2}A}$，表明银的溶解速度随 c_{O_2} 而变。

如果 $A_1 = A_2$ 且 δ 相等，即当 $c_{CN^-}/c_{O_2} = 4D_{O_2}/D_{CN^-}$ 时，溶解速度达到极限值。

已知 O_2 和 CN^- 的扩散系数 $D_{O_2} = 2.76×10^{-5} cm^2/s$、$D_{CN^-} = 1.83×10^{-5} cm^2/s$，因此，$D_{O_2}/D_{CN^-} = 1.5$，$c_{CN^-}/c_{O_2} = 4×1.5 = 6$。

从上述分析可知，在氰化过程中，控制 $c_{CN^-}/c_{O_2} = 6$ 最有利。实践证明，对金、银和铜的氰化配合浸出，c_{CN^-}/c_{O_2} 控制在 4.69~7.4 比较合适，具体见表 2-1。

表 2-1　在各种氰化物和氧浓度下金、银、铜溶解的极限值

金属	温度/K	p_{O_2}/Pa	溶液中 c_{O_2}/mol·L^{-1}	溶液中 c_{CN^-}/mol·L^{-1}	c_{CN^-} : c_{O_2}
金	298.15	21278.25	0.27×10^{-3}	1.3×10^{-3}	4.85
	298.15	101325	1.28×10^{-3}	6.0×10^{-3}	4.69
	308.15	101325	1.10×10^{-3}	5.1×10^{-3}	4.62
银	297.15	344505	4.35×10^{-3}	25×10^{-3}	5.75
	297.15	798441	9.55×10^{-3}	56×10^{-3}	5.85
铜	298.15	101325	1.28×10^{-3}	9.4×10^{-3}	7.35
	308.15	21278.25	0.27×10^{-3}	2.0×10^{-3}	7.40
	308.15	101325	1.10×10^{-3}	8.1×10^{-3}	7.35

在常温常压下，氧在水中溶解度为 $1.28×10^{-3} mol/L$，所以氰化钠的浓度应控制在 $7.68×10^{-3} mol/L$。

2.2.3　氰化提金银实践

2.2.3.1　氰化物在浸出过程中的行为

氰化浸出技术的出现，使世界上黄金的产出由以砂金为主转向以脉金为主，导致黄金产量剧增。至今，氰化浸出技术已非常成熟。

氰化法是利用氰化物（氰化钠、氰化钾、氰化钙或氰化氨）溶液作配合剂，空气（氧气）作为氧化剂浸出矿石中的金和银，然后再从浸出液中回收金和银的一种提金技术。其化学反应式为：

$$4Au + 8CN^- + O_2 + 2H_2O \Longrightarrow 4[Au(CN)_2]^- + 4OH^- \tag{2-22}$$

工业生产中，溶液中氰化钠的浓度为 0.03%~0.1%，pH 值为 9~11（通常加入石灰，使溶液中 CaO 含量达到约 0.005%），鼓入空气尽可能使矿浆中氧达到饱和。氰化法提取金银的电位-pH 图如图 2-2 所示，相关反应见表 2-2。

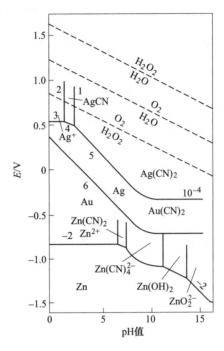

图 2-2　氰化法提取金银的电位-pH 图

（ $T=298\mathrm{K}$、$p_{O_2}=p_{H_2}=1.01325\times10^5\mathrm{Pa}$、$c_{CN^-}=10^{-2}\mathrm{mol/L}$、$a[Ag(CN)_2^-]=a[Au(CN)_2^-]=10^{-4}$、$a[Zn(CN)_4^{2-}]=10^{-2}$）

表 2-2　氰化法提取金银的相关反应方程

图 2-2 中序号	反应方程式
1	$Ag^+ + CN^- = AgCN$
2	$AgCN + CN^- = [Ag(CN)_2^-]$
3	$Ag^+ + e = Ag$
4	$AgCN + e = Ag + CN^-$
5	$[Ag(CN)_2^-] + e = Ag + 2CN^-$
6	$[Au(CN)_2^-] + e = Au + 2CN^-$

从图 2-2 中可知：

（1）金和银的配合离子（$[Au(CN)_2^-]$ 和 $[Ag(CN)_2^-]$）在碱性氰化物水溶液中是稳定的，处于水的稳定区内；

（2）金和银配合物离子的还原电极电位比游离金或银离子的还原电极电位低很多，所以氰化物溶液是金和银的良好配合剂；

（3）氧可以作为金和银氰化浸出时的氧化剂；

（4）在低 pH 值范围内，发生生成 HCN 的反应，使氰化物损失，并造成严重污染；

（5）高氧化电位时，生成 CNO^- 不利于氰化浸出，应避免使用强氧化剂。

（6）在 pH 值小于 9.5 的范围内，金、银配合离子的电极电位随着 pH 值的升高而降低。说明在此范围内，提高 pH 值对溶金、溶银有利；但大于该范围，它们的电极电位几乎不变，pH 值对溶解金、银无影响。

在工业中一般控制氰化溶金的 pH 值为 9~10。因为图 2-2 中的反应 6 与氧的氧化还原反应组成溶金原电池的电动势 E 值是氧线与线 6 的垂直距离。在图中可直观地看出，在线 6 的弯曲处，两线的垂直距离有最大值。在作图条件下（也是工业条件下），通过计算可求得当 pH 值为 9.4 时，电极电位有最大值（1.22V），因此 9.4 为理论最佳 pH 值。

2.2.3.2　其他矿物在浸出过程中的行为

金矿石中的一些矿物在浸出过程中可能与氰化物或氧反应，不仅消耗浸出试剂，产物也可能影响金的浸出或影响溶液中金的提取。影响较大的矿物有硫化铁、铜的化合物及砷和锑的化合物。

A　硫化铁矿物

金矿中常含有黄铁矿（FeS_2），但黄铁矿在氰化溶液中较稳定，对氰化过程基本上没有太大影响。如果黄铁矿以细小的、不完全发育的微晶形式存在，也将可能产生较大的影响。

磁黄铁矿（FeS_2）和白铁矿（$Fe_{1-x}S$）具有高氧化性，对氰化产生不利影响。在碱性氰化物溶液中，铁的硫化物发生氧化反应，并与氰化物、氧和碱反应，如：

$$4FeS + 3O_2 + 4CN^- + 6H_2O =\!\!=\!\!= 4CNS^- + 4Fe(OH)_3 \tag{2-23}$$

$$FeS_2 + CN^- =\!\!=\!\!= FeS + CNS^- \tag{2-24}$$

$$FeS + 6CN^- =\!\!=\!\!= [Fe(CN)_6]^{4-} + S^{2-} \tag{2-25}$$

$$FeS + 2OH^- =\!\!=\!\!= Fe(OH)_2 + S^{2-} \tag{2-26}$$

$$Fe(OH)_2 + 6CN^- =\!\!=\!\!= [Fe(CN)_6]^{4-} + 2OH^- \tag{2-27}$$

S^{2-} 在溶液中累积会降低浸金速率，并影响锌从溶液中置换金，部分 S^{2-} 还会继续进行反应：

$$2S^{2-} + 2CN^- + O_2 + 2H_2O =\!\!=\!\!= 2CNS^- + 4OH^- \tag{2-28}$$

$$2S^{2-} + 2O_2 + H_2O =\!\!=\!\!= S_2O_3^{2-} + 2OH^- \tag{2-29}$$

$$S_2O_3^{2-} + 2O_2 + 2OH^- =\!\!=\!\!= 2SO_4^{2-} + H_2O \tag{2-30}$$

综上所述，硫化铁对氰化浸出过程造成的不利影响主要有：（1）溶液中溶解氧浓度的明显下降，一般从 6~7mg/L 降到 2~3mg/L；（2）消耗氰化物，使其变成无浸金作用的硫氰酸根；（3）S^{2-} 抑制氧的还原反应，降低浸金速率。

消除硫化铁不利影响最简单的措施是在氰化前让金矿石在碱性溶液中充气氧化预浸一段时间，使易溶的硫化物氧化成无害的硫酸盐，并在硫化铁矿物表面生成 $Fe(OH)_3$ 薄膜，使硫化铁不再与氰化物反应。在氰化过程加入铅盐，也可以有效抑制硫化铁的有害影响。

B　铜的化合物

金矿石中除了黄铜矿和硅孔雀石，其他铜矿物都易生成铜氰络离子，主要是 $[Cu(CN)_3]^{2-}$ 和 $[Cu(CN)_4]^{3-}$ 造成氰化物的消耗。

含氧化铜的金矿进行氰化浸出时，氰的消耗是双重的。原因是+2价铜离子可以氧化氰离子，生成氰从溶液中挥发（$2Cu^{2+}+8CN^- \rightarrow (CN)_2\uparrow + 2[Cu(CN)_3]^{2-}$），+1价铜离子又与氰离子结合生成铜氰离子。铜矿物造成氰化物的极大消耗，金矿中含铜超过0.1%，就可能使金的氰化浸出变得无利可图。

由于铜矿物在浸溶过程中易形成$[Cu(CN)_3]^{2-}$配合离子，氰化浸金速率明显降低。一方面是铜的竞争配合明显降低了溶液中的游离氰离子；另一方面则是铜氰络离子在金颗粒表面形成一种薄膜，阻止金被氰化浸溶。

Clennell认为，在氰化钠溶液中加入氨或铵盐，有益于处理含氧化铜的金矿，提高了金的浸出率，铜的浸出量少于单独使用氰化钠时铜浸出量。金-氰-铜-氨体系复杂，其中的规律尚不清楚。

C　砷和锑的化合物

金氰化浸出过程中最有害的矿物是锑和砷的硫化物，即辉锑矿（Sb_2S_3）、雄黄（As_4S_4）和雌黄（As_2S_3）。

辉锑矿在碱性氰化物溶液中，易与碱离子发生化学反应生成锑酸根离子和-2价硫离子，并进一步反应生成硫氰根离子，反应过程如下：

$$Sb_2S_3 + 6OH^- \rightleftharpoons SbO_3^{3-} + SbS_3^{3-} + 3H_2O \tag{2-31}$$

$$SbS_3^{3-} + 6OH^- \rightleftharpoons SbO_3^{3-} + 3S^{2-} + 3H_2O \tag{2-32}$$

$$2SbS_3^{3-} + 6CN^- + 3O_2 \rightleftharpoons 2SbO_3^{3-} + 6SCN^- \tag{2-33}$$

雌黄的化学行为与辉锑矿相似。雄黄在碱性氰化物溶液中氧化分解生成砷酸根离子，其反应式为：

$$3As_4S_4 + 3O_2 + 12OH^- \rightleftharpoons 4AsO_3^{3-} + 4As_2S_3 + 6H_2O \tag{2-34}$$

砷和锑的反应产物在氰化溶液中累积到一定浓度时，在金颗粒表面形成薄膜，阻碍了金与氰根离子和氧反应，浸出速率明显下降。有研究认为，含锑或砷硫化物的金矿可在低pH值条件下（如pH值为9）进行氰化，以提高浸出速率。

在氰化过程中加入铅盐也有助于消除锑和砷硫化物的不利影响。其原因是可溶性铅盐在碱性溶液中形成含氧酸离子，促使-2价硫离子生成硫氰酸根。

$$PbO_2^{2-} + S^{2-} + 2H_2O \rightleftharpoons PbS + 4OH^- \tag{2-35}$$

$$3PbO_2^{2-} + 2SbS_3^{3-} + 6H_2O \rightleftharpoons 3PbS + Sb_2S_3 + 12OH^- \tag{2-36}$$

$$PbS + 1/2O_2 + CN^- + 2OH^- \rightleftharpoons PbO_2^{2-} + SCN^- + H_2O \tag{2-37}$$

生成的PbO_2^{2-}离子又可与锑化物作用，快速消除氰化物溶液中对金的氰化浸出最不利的-2价硫离子。

2.2.3.3　氰化法提金银的主要控制因素

A　氰化试剂

氰化试剂的选择主要取决于其对金银的浸出能力、化学稳定性和经济因素等。各种氰化物浸出金的能力取决于单位质量氰化物中的含氰量。

各种氰化物浸出金、银的能力顺序为氰化铵>氰化钙>氰化钠>氰化钾>氰溶物。在含有二氧化碳的空气中的化学稳定性顺序为氰化钾>氰化钠>氰化铵>氰化钙>氰溶物。就价格而言，氰化钾最贵，氰化钙和氰溶物最价廉，氰化钠的价格居中，且具有较大的浸金能力和化学稳定性，目前多数选金厂使用氰化钠。

B 矿浆中氰化物的浓度

金、银的浸出速度与溶液中氰化物的浓度密切相关，当溶液中氰化物浓度小于0.05%时，金、银的浸出率随氰化物浓度的增大呈直线上升，然后随氰化物浓度的增大而缓慢上升至最高值，浸出率最高值对应的氰化物浓度在0.15%左右，此后再增大氰化物浓度，金、银的浸出率反而有所下降。在低浓度氰化物溶液中金、银的浸出速度高的原因在于：（1）低浓度氰化物溶液中氧的溶解度较大；（2）低浓度氰化物的氰根和氧的扩散速度较大；（3）低浓度氰化物溶液中贱金属的溶解量小，氰化物消耗量较少。因此，含金矿石氰化浸出时，氰化物浓度一般为0.02%~0.1%，渗滤氰化浸出时氰化物浓度一般为0.03%~0.2%。生产实践表明，常压条件下，氰化物浓度为0.05%~0.1%时金的浸出速度最高。一般而言，处理磁黄铁矿含量较高的矿石及渗滤氰化浸出时，或贫液返回使用时，采用较高的氰化物浓度，处理浮选金精矿时的氰化物浓度比原矿全泥氰化时的氰化物浓度高。

C 氰化物消耗

氰化过程中氰化物消耗表现为下列几个方面：

（1）氰化物的自行分解。在矿浆调整过程中，氰化物会自行分解为碳酸根和氨，但这种形式造成的氰化物损失并不重要。

（2）氰化物的水解。随矿浆pH值的降低，氰化物将发生水解生成挥发性的氢氰酸气体：

$$NaCN + H_2O \longrightarrow NaOH + HCN \uparrow \qquad (2-38)$$

由于空气中含有二氧化碳，水中带入的酸性物质、含金矿石中所含的无机盐（如碳酸铅）及硫化矿物氧化产物等的影响，引起矿浆pH值降低为弱酸性，导致氰化物水解。因此，氰化作业流程中预先用碱处理，然后才能加入氰化物。

（3）伴生组分消耗氰化物。含金矿石中伴生的铜矿物、硫化铁矿物、砷锑矿物等及其分解产物常与氰化物起作用，消耗氰化物和溶解氧。

（4）氰化矿浆中应保持一定的氰根剩余浓度。为了提高金、银氰化浸出率，常要求氰化矿浆中保持相当量的氰化物剩余浓度。锌置换法从贵液中沉金时，也要求贵液中保持一定的氰化物浓度。由于剩余浓度所消耗的氰化物量大，为维持剩余浓度所消耗的氰化物量与浸出矿浆液固比有关，矿浆的液固比越大越好。

（5）浸出金、银所消耗的氰化物。浸出1g金在理论上约需0.5g氰化钠，若原料含金量为10g/t，则氰化物的理论消耗量为5g/t。因此，氰化浸出过程中，真正用于浸出金、银所消耗的氰化物量较小。

（6）机械损失。由于跑、冒、滴、漏和固液分离作业洗涤效率较低所造成的氰化物损失，使氰化作业中氰化物的用量远比理论计算量大，一般为理论量的 20 ~ 200 倍，处理含金原矿时，氰化物的消耗量一般为 250 ~ 1000g/t，矿石为 25 ~ 500g/t；处理含黄铁矿精矿及氧化焙烧后的焙砂时，氰化物消耗量为 2 ~ 6kg/t。

D　氧的浓度

当溶液中氰化物浓度较高时，金的浸出速度与氰化物浓度无关，但随溶液中氧浓度的增大而增大。氧在溶液中的溶解度随温度和溶液面上压力而变化，在通常条件下，氧在水中的最高溶解度为 5 ~ 10mg/L。

氰化过程通常在常温常压条件下进行，氰化时通过氰化槽中搅拌叶轮的充气作用或用压风机向氰化槽中矿浆充气的方法使矿浆中的溶解氧浓度达最高值。

实际上可利用的溶解氧量与供应的氧量相差很大。矿浆中的溶解氧主要消耗在矿石的磨矿分级过程，氰化前应适当充空气以提高矿浆中的溶解氧浓度。氰化过程中溶解氧主要消耗于伴生组分的氧化分解，如金属铁、硫化铁矿、砷锑硫化物及其他硫化物将消耗大部分溶解氧，金银氰化浸出只消耗一小部分溶解氧。

E　矿浆 pH 值

为了防止矿浆中的氰化物水解，使氰化物充分分解为氰根离子，即使金的氰化浸出处于最适宜的 pH 值，氰化时必须加入一定量的碱以调整矿浆的 pH 值，常将加入的碱称为保护碱。在生产中常用石灰作保护碱，因石灰价廉易得，可使矿泥凝聚，有利于氰化矿浆的浓缩和过滤。石灰的加入量以维持矿浆 pH 值为 9 ~ 12，矿浆中的氧化钙含量为 0.002% ~ 0.012%。

F　矿浆温度

单位时间内溶解金的质量与矿浆温度的关系如图 2-3 所示，从图中曲线可知，金的浸出速度随矿浆温度的升高而增大，至 85℃时金的浸出速度最大，再进一步升高温度时，金的浸出速度下降。矿浆中溶解氧的浓度随矿浆温度的上升而下降。在 100℃时，矿浆中的溶解氧的浓度为零。金的浸出速度随温度的上升而提高是由于浸出的阴极极化作用随矿浆温度升高而减小，生成的氢大部分从矿浆中逸出，只有少部分停留在阴极表面，此时氧的去极化作用不如在极化强烈情况时明显，但提高氰化矿浆温度将引起许多不良后果，提高矿浆温度不仅消耗大量燃料，而且增加了贱金属矿物的浸出速度和氰化物的水解速度，增加氰化物的消耗量。

G　浸出时间

氰化浸出时间随矿石性质、氰化浸出方法和氰化作业条件而异。氰化浸出初期金的浸出速度较高，氰化浸出后期金的浸出速度很低，当延长浸出时间所产生的产值不足以抵偿所花的成本时，应终止浸出，再延长浸出时间得不偿失。一般搅拌氰化浸出时间常大于 24h，有时长达 40h 以上，碲化金的氰化浸出时间需 72h。渗滤氰化浸出时间一般为 5 天。

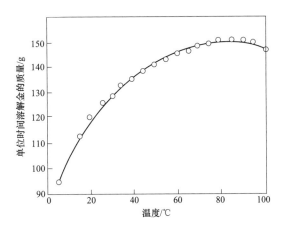

图 2-3 单位时间溶解金的质量与矿浆温度关系图

2.2.3.4 氰化浸出工艺

工业生产中，金的氰化一般可采用渗滤浸出和搅拌悬浮浸出两种方法，以堆浸和槽浸为主。堆浸是渗滤浸出的典型工业过程，目前广泛用于低品位金矿。

A 堆浸

原矿直接堆浸法是成本最低的提金方法。堆浸具有工艺简单、操作容易、投资少、成本低、规模可大可小等优点，但金的浸出率明显低于槽浸，适用于低品位金矿（0.3~3g/t）的浸出。20 世纪 80 年代以来，美国黄金产量大幅度提高，堆浸技术的发展和广泛应用起着重要作用。目前堆浸主要用于处理品位更低的矿石。

堆浸中采用滴灌技术代替直接喷淋、高品位矿制粒和采用聚合物作黏合剂等是近年来堆浸技术的几个重要发展。

堆浸是将采出的低品位金矿石破碎至一定粒度后运至堆浸场堆成矿堆，然后在矿堆表面喷洒氰化浸出剂，浸出剂通过固定矿堆从上至下均匀渗滤，矿石中的金和银被浸出进入溶液，从堆底收集浸出液并回收金和银。堆浸主要包括矿石准备、建造堆浸场、筑堆、喷淋和金银回收等单元，其基本流程如图 2-4 所示。

堆浸过程主要作业如下：

（1）矿石准备。将矿石破碎到要求的粒度（一般为 5~20mm）或将泥状矿石制粒，制粒中常加入水泥（每吨矿 3.5~5kg）作黏结剂，用氰化钠溶液（0.2%~0.5%）润湿，制粒作业一般采用圆盘式或皮带式制粒机，制粒后应放置 3~5 天。

（2）堆场准备。一般要求堆浸场有 2%~5%的坡度，以利于溶液从浸堆流出；堆场要具有足够的强度，能承受堆浸重量和筑堆机械的作业；堆场和集液池具有不透水沉底，保证溶液不渗漏，以避免贵液损失和造成环境污染；堆场四周设置排水沟和排洪道，以防洪水侵害和造成环境事件。

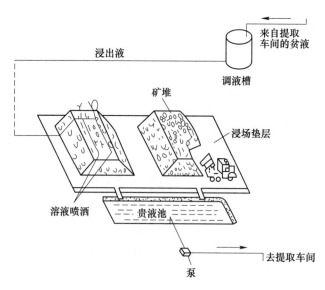

图 2-4　金矿堆浸基本工艺流程示意图

（3）筑堆。在堆场衬垫上先铺上一层约 20cm 厚的废矿石或卵石，作为底垫的保护层及排液层。筑堆方式对浸堆的透气性和溶液渗透性有很大影响，机械筑堆时应尽量避免压实矿堆造成溶液不易渗漏的死区，或粗细矿石偏析而造成沟流。堆的高度依矿石性质而定，一般为 3~6m。

（4）预浸。喷淋氰化溶液前，先用石灰水喷洒矿堆，中和矿石中各种酸性物质，直到达到要求的 pH 值，这段时间通常需要 1~2 个星期。

（5）喷淋。氰化物溶液用管道输送到矿堆上，然后通过喷头、滴管等向矿堆提供浸出液。对喷淋的要求是均匀，使溶液饱和空气中的氧并尽量减少氰化物损失。为此，喷洒的液滴大小应适当，太小的雾状水滴蒸发损失大，也容易被风吹散，通常喷孔直径为 2~3mm。首先喷淋的氰化物溶液浓度一般为 0.1%~0.15%。喷淋一般间断进行，以利于空气进入矿堆。集液池中富液的含金量达到 1~10mg/L 时，开始进行回收处理，回收贵金属后的贫液返回喷淋。喷淋前期溶液的氰化钠浓度控制在 0.06%~0.08%，中期为 0.04%~0.05%，末期为 0.02%~0.03%。溶液的喷淋强度一般为 5~12L/m²。实践证明，适当增大喷淋强度，可以缩短浸出时间。但喷淋强度过大时，浸出液中的金浓度明显降低。用石灰调节浸出液 pH 值时，可能引起喷头堵塞，这种情况下可用 NaOH 代替石灰。

（6）洗堆。浸出结束，用新鲜水淋洗矿堆以充分回收已浸出的金和银。洗涤水量取决于蒸发损失及尾渣中的水损失，通常为总液量的 15%~30%，而开始浸出时的总液量按每吨矿石 50~80L 配置。

（7）拆堆。洗水排完后拆堆。从筑堆至拆堆完成一个循环，需要 30~90 天，这个时间因浸堆的大小、矿石性质及机械化程度而异。

B　槽浸

槽浸是当前氰化浸出高品位矿，特别是处理金精矿的典型工业过程。槽浸具有回收率高、浸出速度快的优点，微细金矿常采用这一技术，称为金泥氰化。随活性炭和交换树脂吸附技术的发展和进步，针对矿石细磨氰化浸出后难以固液分离的问题，开发和发展了炭浆吸附、炭浆浸出或树脂矿浆吸附和树脂矿浆浸出等技术，推动了黄金工业的大发展。

搅拌氰化浸金是将磨细的含金物料和氰化浸出剂置于浸出槽中，在搅拌和充气的条件下完成金的浸出。搅拌浸出提金主要包括磨矿、浓密、搅拌氰化浸出、固液分离和洗涤、贵液提金等工序，炭浆浸出或树脂矿浆浸出是搅拌浸出的发展，它强化了氰化过程，提高了金的浸出率和工艺效益，并可省去固液分离等工序。

矿石在槽浸以前需要加工准备，首先应将矿石磨至要求的细度，尽可能使金颗粒完全解离；在进入浸出槽时，矿浆浓度应达到要求，以有效利用浸出设备。对于浮选精矿来说，矿石准备还应除去浮选药剂对氰化过程有害影响的作用。

随着细粒浸染型金矿的大力开发，全部矿石经过细磨后的搅拌氰化法提金得到了发展，即全泥氰化法提金，也称常规氰化法提金。根据氰化浸出金的原理，矿浆中 CN^- 与溶解的氧分子浓度对金的氰化浸出有很大的影响，因为它们必须扩散到金粒表面才能使金溶解。其他的影响因素还有溶液的 pH 值、矿石的粒度、温度及杂质的影响等。长期的实践表明，搅拌氰化时 NaCN 的浓度通常为 0.02%~0.05%，相应 CaO 浓度为 0.01%~0.03%、pH 值为 9~11；连续通入空气保持矿浆中的氧浓度达 7mg/L 左右、磨矿粒度一般达到 80%~90% 为 $-74\mu m$、矿浆液固比对石英质矿石为 (1.2~1.5):1、对泥质矿石为 (2.0~2.5):1；温度一般在环境温度下进行，由于搅拌与反应，通常矿浆的实际温度稍高于环境温度；氰化浸出时间一般较长，为 24~72h。对于易浸的金矿，搅拌氰化法的金浸出率为 90%~95%，最高可达 98%。

鉴于搅拌氰化法浸金的速率控制步骤主要为扩散过程，为了使氰化浸出过程进一步获得强化，在工业上可采用一些相应的措施。如在氰化浸出时鼓入富氧空气或纯氧的搅拌浸出（如我国山东乳山金矿）、添加助浸剂如过氧化氢（如南非 Fairveiw 金矿）、过氧化钙及在碱性条件下充空气或添加硝酸铅的预氧化处理（如加拿大 Lupin 提金厂）。此外，还有边磨边浸、加温和强烈搅拌及加压氰化等强化措施。

搅拌氰化法浸金工艺的另一重大进展是引入了吸附浸出工艺，分别开发出炭浆法（carbon-in-pulp，CIP）和树脂矿浆法（resin-in-pulp，RIP），即在氰化浸出的矿浆中加入活性炭或离子交换树脂，在浸出金的同时把金吸附到活性炭或离子交换树脂上，然后再从载金的活性炭或树脂上将金解吸下来进行回收。这样不仅能够处理高泥质的金矿，而且可以减除繁重的固-液分离工序，并同时达到富集与分离的目的。此外，还开发出磁性活性炭的新工艺。

搅拌氰化浸出的关键设备是搅拌浸出槽。根据搅拌方式的不同，可将浸出槽分为机械搅拌浸出槽、空气搅拌浸出槽、空气与机械混合型搅拌浸出槽等。机械搅拌浸出槽又可以分为螺旋桨式搅拌槽（在国外称为 Devereaux 型搅拌槽，见图 2-5）、轴流泵式搅拌槽（见图 2-6）和叶轮式搅拌槽（见图 2-7）。空气搅拌浸出槽，在国外称为 Pachuca 浸出槽（见

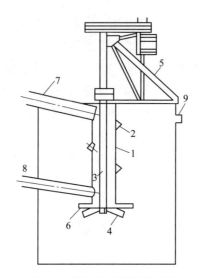

图 2-5　螺旋桨式搅拌浸出槽

1—矿浆接收管；2—支管；3—竖轴；4—螺旋桨；5—支架；6—盖板；7—溜槽；8—进料管；9—排料管

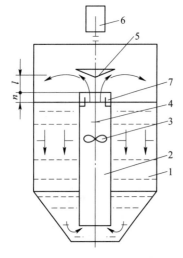

图 2-6　轴流泵式搅拌浸出槽

1—槽体；2—中心管；3—叶轮；4—轴；
5—锥形反射罩；6—电机；7—折转隔板

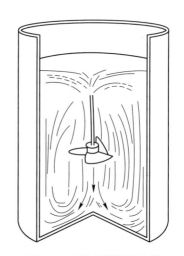

图 2-7　叶轮式搅拌浸出槽

图 2-8）。空气与机械混合型搅拌浸出槽又称为带有空气提升管的耙式搅拌浸出槽（见图 2-9）。此外，还有带喷嘴的脉动浸出柱和一种连续逆流浸出的卡默尔浸出塔（见图 2-10），以及边磨边浸用的塔式磨浸机（见图 2-11）等。

　　搅拌浸出的作业方式一般为连续搅拌氰化浸出，矿浆顺流通过几个（3~6 个）串联的搅拌浸出槽。一般应阶梯式安装，使矿浆自流，均衡连续地通过各浸出槽，需要时也可采用泵送。矿浆通过各浸出槽的时间总和应不小于矿浆在该浸出条件下所需的浸出时间。连续浸出有利于提高效率和实现自动化。

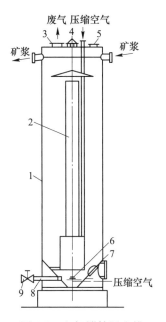

图 2-8　空气搅拌浸出槽

1—槽体；2—带提升器的循环器；

3—接排风机支管；4—加试剂溶液管头；

5—带盖观察和取样孔；6—分散器；

7—带盖人孔（或手孔）；8—支管；9—阀门

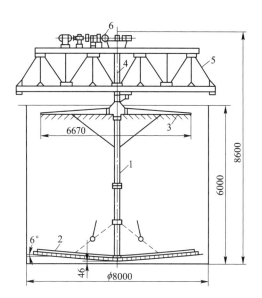

图 2-9　耙式搅拌浸出槽

1—空气提升管；2—耙；3—溜槽；

4—竖轴；5—横架；6—传动装置

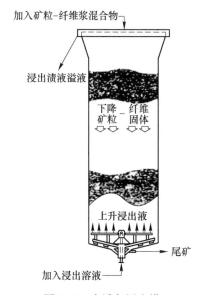

图 2-10　卡默尔浸出塔

目前，世界上运用搅拌氰化浸出法产出的金量已占总产金量的 63.6%。国外搅拌氰化浸出金矿的规模已达到日处理 1.5 万吨矿石，而我国搅拌氰化浸出的最大日处理量也达到千吨级矿石规模。国外一些搅拌氰化浸出提金厂的氰化条件及有关的主要技术经济指标见表 2-3。

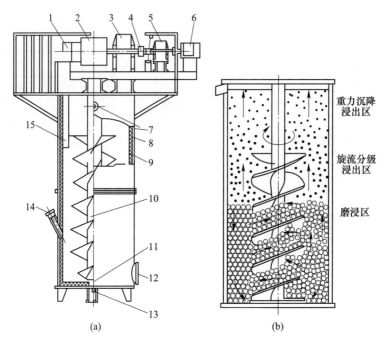

图 2-11　塔式磨浸机（MLϕ1200mm×3000mm）

（a）构造示意图；（b）工作原理图

1—主电机；2—伞齿轮；3—主机减速机；4—离合装置；5—辅助减速机；6—辅电机；7—溢流口；

8—筒体；9—衬板；10—螺旋；11—螺旋中心轴；12—排球排浆口；13—通气装置；14—返砂给矿口；15—给料斗

2.2.3.5　从氰化液中回收金

利用活性炭从氰化矿浆中提金的方法有炭浆法和炭浸法。炭浆法一般是指在氰化浸出完成后，再进行炭吸附的工艺过程；而炭浸法则是浸出与吸附过程同时进行的工艺。两者都采用活性炭从矿浆中吸附金，无本质区别，只不过炭浆法是浸出与吸附分别在各自的槽中进行，而炭浸法则是浸出与吸附在同一槽中进行，这种槽称为浸出-吸附槽或炭浸槽。实际上，在炭浸工艺中，往往第一个或第二个槽不加炭，因此两者并无严格界限，只是炭浸法的搅拌槽数比炭浆法少。

传统的氰化法沉金或提金是在固液分离后的溶液中进行的，对金的浸出没有任何影响。而炭浆法特别是炭浸法是金矿石、氰化物溶液和活性炭直接接触，即矿石中的金被氰化浸出后，立即被活性炭所吸附，从而使浸出液中金的浓度保持在较低水平，有利于浸出率的提高，炭浸法特别适用于处理碳质金矿等。

典型炭浆工艺流程由氰化浸出、吸附、解吸、电解和炭的再生等几个主要工序组成，炭浆法实际操作中采用矿浆和活性炭的逆向流动。氰化浸出的矿浆给入第一台吸附槽，进入吸附作业，且连续流过串联的几台吸附槽，用活性炭吸附矿浆中溶解的金，再从最后一台吸附槽中排出，即氰化尾矿。新鲜的活性炭加在最后一台吸附槽，用气升泵或凹叶轮立式离心泵提炭，使活性炭和矿浆之间逆流接触。从第一个吸附槽排出的载金炭在过筛和洗涤后送解吸工段。

表2-3　国外若干搅拌氧化提金厂氧化条件及有关的主要技术经济指标

矿山或公司	美国古斯贝里 (Goosederry)	美国亚特兰大 (Atlanta)	美国德拉玛 (Delamar)	加拿大阿尼格尼柯伊格尔 (Agnicoeagle)	澳大利亚特尔费 (Telfer)	西班牙塞罗科罗拉多 (Cerro Colorado)	南非爱兰德斯朗德 (Elandsrand)	多米尼加普韦布洛 (Pueblo)
矿石特征	含金细脉硫化物	石英角砾岩	流纹岩	浸染状黄铁矿、磁黄铁矿	石英岩褐铁矿	含金铁帽	矿脉	红土矿
开采方式	充填回采	露天开采	露天开采	地下开采	露天开采	露天开采		露天开采
处理能力/t·d⁻¹	317	450	2000	1090	540~630	4800	6000	7260
矿石品位/g·t⁻¹	Au 6.5、Ag 257	Au 3.4、Ag 58.3	Au 0.7、Ag 161	Au 6.52	Au 6.2~9.3	Au 2.4、Ag 44	Au 5.78	Au 4.48、Ag 20.57
磨矿电耗/kW·h·t⁻¹	28.5	29.75	11~23		7.4	14.75	25.1	5.94
其他电耗/kW·h·t⁻¹	24.8	31.2	16.5	20.3	20.3	11.8	32.7	10.16
矿浆pH值	11.6	11.6	10.5	11.5		12.5	11	12.1
矿浆含NaCN/%	0.15	0.08	0.1	0.15	0.04	0.025	0.03	0.12
NaCN耗量/kg·t⁻¹	0.678	0.73	1.0	0.63	0.3	0.6		0.66
氧化时间/h	48	24	72	48	21	21	44	16
回收率/%	Au 97.2、Ag 95.8 (氰化)	Au 81、Ag 26	Au 92、Ag 85	Au 91	Au 98	Au 98	Au 95.2	Au 91.57、Ag 77.3
吨矿石处理成本/美元	17		6.40	5.62			5.40	2.8

2.3　难处理矿提金银技术

本节主要介绍铅矿、铜矿、锡矿的提金、银技术,其他难处理金矿在此不再赘述。

2.3.1　铅矿提金银技术

2.3.1.1　铅阳极泥

银是铅锌矿中重要的伴生元素。铅冶炼原料带入的银在熔炼过程中有95%进入粗铅,粗铅精炼时,有99%以上的银富集于铅阳极泥中,通过对铅阳极泥的处理,银可作为重要的副产品产出。

国内外一些冶炼厂的铅电解阳极泥成分见表2-4。

表2-4　国内外一些冶炼厂的铅电解阳极泥成分　　　　　　　　　　(%)

阳极泥		Ag	Au	Pb	Cu	Bi	As	Sb	Sn	Se	Te
高砷铅阳极泥	1	66.5	0.031	10.24	3.40	8.46	17.15	33.12			0.38
	2	11.5	0.016	19.7	1.8	2.1	10.6	38.1			
	3	8~10	0.02~0.045	6~10	2.0	10.0	20~25	25.3			0.1
低砷铅阳极泥	4	9.5	0.01	15.9	1.6	20.6	4.6	33.0		0.07	0.74
	5	7~18	0.02~0.004	8~16			0.12	38~40			
	6	2.63	0.025	8.81	1.32	5.53	0.67	54.30	0.38		
	7	0.1~0.15	0.2~0.4	5~10	4~6	10~20	25~35				

铅阳极泥的成分不同,存在的物相也不尽相同,预处理情况不同,物相也有变化。高砷与低砷的划分也无统一的标准。从表2-5可以看出,Au、Ag、Pb 和 Cu 主要以金属状态存在;Bi、Sn、As 主要以氧化物存在;而 Ag 与 Sb 能形成一系列金属间化合物相。实践中观察到铅阳极泥在堆放中金属态元素会自然氧化,Sb 在放置过程中会自然氧化成 Sb_2O_3,特别是 Sb 含量较高、料堆较大时,物料自然氧化温度较高,更有利于金属态元素的氧化,因此如何使铅阳极泥中杂质元素转变成易浸出的氧化物,决定了浸出工艺的异同。银锑金属间化合物的存在也与银的氧化不彻底有关。

在有氧和少量 HF、H_2SiF_6 存在及100℃以下的条件下,自然氧化的物相变化如下:

$$4Sb + 3O_2 =\!=\!= 2Sb_2O_3 \tag{2-39}$$

$$4Bi + 3O_2 =\!=\!= 2Bi_2O_3 \tag{2-40}$$

$$4As + 3O_2 =\!=\!= 2As_2O_3 \tag{2-41}$$

$$2Ag + 1/2O_2 =\!=\!= Ag_2O \tag{2-42}$$

$$2AgSb + 2O_2 =\!=\!= Ag_2O + Sb_2O_3 \tag{2-43}$$

在有氧和少量 HF、H_2SiF_6 及温度为 150~200℃ 条件下，物相会快速氧化；存在浓硫酸时，温度越高，反应速度越快：

$$Sb(或 Bi) + H_2SO_4(浓) \longrightarrow Sb_2(SO_4)_3(或 Bi_2(SO_4)_3) + SO_2 + H_2O \quad (2-44)$$

$$Ag + H_2SO_4(浓) \longrightarrow Ag_2SO_4 + SO_2 + H_2O \quad (2-45)$$

$$Ag(Sb) + H_2SO_4(浓) \longrightarrow Ag_2SO_4(或 Sb_2(SO_4)_3) + H_2O + SO_2 \quad (2-46)$$

由于浓硫酸的强氧化性，阳极泥中的银易转化成为 Ag_2SO_4、Ag_2O，这对湿法流程中银的分离和更大限度地富集金并稳定提高金粉的品位极为有利，同时对分离银也产生很好的效果。

如采用强氧化剂参加的氧化焙烧实验选用硫酸的用量为阳极泥的 0.7 倍，200℃、每 15min 搅拌一次，发现硫酸化焙烧预处理能使贱金属和银迅速氧化，大大提高了银的浸出率，而且也易于规模生产。所以研究阳极泥的物相组成及变化规律对铅阳极泥处理和提高银的回收率有重要指导意义。

2.3.1.2 湿法工艺流程

20 世纪 80 年代以来，铅阳极泥湿法处理工艺研究呈现活跃的局面，尤其国内进展迅速，已有一批成果应用于生产，铅阳极泥湿法处理原则流程如图 2-12 所示。

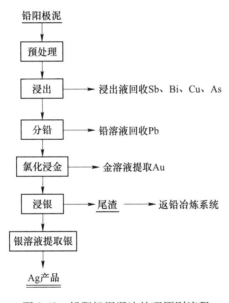

图 2-12 铅阳极泥湿法处理原则流程

对现行湿法流程分析研究认为，强化阳极泥预处理是提高浸出富集率、解决原有湿法流程存在问题的关键，于是发展了空气静态焙烧氧化、空气动态焙烧氧化、强氧化剂焙烧氧化等预处理办法。有实验指出，在 200℃ 左右条件下进行静止、连续空气氧化 48h，与在 200℃ 条件下进行动态氧化 0.5~4.5h、每 15min 搅拌一次的两种物料进行浸出对比，其浸出条件为：c_{Cl^-} = 5mol/L、终酸度 1.0 mol/L、温度 65℃、浸出 3h、液固比为 6∶1；然后对浸出渣进行亚硫酸钠分离银的试验，其条件包括 Na_2SO_3 浓度为 250g/L、液固比为 10:1、常温浸出 3h。结果表明：静态氧化虽然达到较好的脱贱金属的目的，但银的分离达不到工艺要求（渣含 Ag 小于1%），并且作业时间长，不适合大规模连续作业。而动态氧化随着时间延长，氧化后浸出效果较好，但到一定程度后很难再提高，并且浸出渣不能直接用于分离银。采用强氧化剂参加的氧化焙烧实验，选用硫酸用量为阳极泥的 0.7 倍、220℃、每 15min 搅拌一次，发现硫酸化焙烧对铅阳极泥进行预处理，能使贱金属及银迅速氧化，大大提高了银的浸出率，而且易于规模生产。

在铅阳极泥氯化—萃取综合流程（见图2-13）中，采用盐酸、氯气氯化浸出铅阳极泥获得铅银渣，对铅银渣采用 NH_4Cl、NH_3 浸取银，得到含银的浸出液和铅渣，使银铅得到分离，然后从溶液中还原银，最终获得银产品；氯化浸出获得的浸出液进入萃取系统回收各种贱金属。也可通过水溶液氯化浸出贱金属，氯酸钠氧化浸出金，氨浸分银的工艺。还可以先用水洗涤铅阳极泥中的硅氟酸铅，在硫酸介质中分别用空气或氧氧化浸出铜，酸浸渣碱浸，碱浸渣分离提金和银。或者采用混酸浸出贱金属，水溶液氯化萃取提金，亚硫酸钠浸出还原银。还有采用控电氯化浸出贱金属，氯化浸出后活性炭提金，氨浸还原银的工艺。

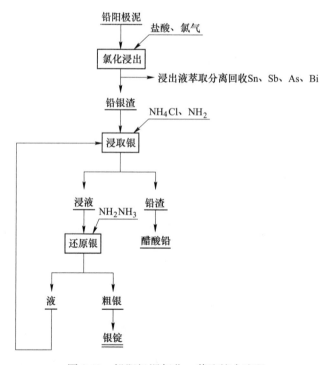

图 2-13　铅阳极泥氯化—萃取综合流程

上述各工艺的共同特点是金、银的直收率都获得了提高，银的直收率可达 95%～97%。湿法流程与火法流程相比，相对减少了对环境的污染，可实现综合回收，但尾渣中残留的金（不小于10g/t）和银（0.1%～0.5%）难以直接回收。

2.3.2　铜矿提金银技术

2.3.2.1　铜阳极泥

由于贵金属的标准电势都为正值，银为+0.8V，金为+1.5V，铂、钯、铑居中，并大于铜（+0.34V）、铅（-0.13V）、锡（-0.14V）、镍（-0.25V）、锌（-0.76V）等，因此，粗铜电解时，银和其他贵金属多富集在铜阳极泥中。特别是金、铂、钯，在一般情况下，基本全部富集在阳极泥中。

铜阳极泥是由阳极铜在电解精炼过程中不溶于电解液的各种物质组成，其成分和产率主要与阳极铜成分、铸锭质量及电解技术条件有关。硫化铜精矿的阳极泥含有较多的 Cu、Se、Ag、Pb、Te 及少量的 Au、Sb、Bi、As 和很少的铂族金属，而铜镍硫化物精矿的阳极泥中贵金属主要为铂族金属，Au、Ag 含量较少。

铜阳极泥产率一般为 0.2% ~ 1.0%。国内外一些厂家产出铜阳极泥的化学成分见表 2-5，物相组成见表 2-6。从表 2-6 中可以看出，银是阳极泥中的主要成分之一，来自不同地方的矿物甚至同一铜矿不同矿区中银品位也不一样，因此各冶炼厂铜阳极泥中银含量不一样。阳极泥中各元素的赋存状态较为复杂，它们以金属态、化合物、氧化物和盐类存在于阳极泥中。银除呈金属态外，常与硒、碲结合，过剩的硒、碲也可与铜结合。

表 2-5　国内外一些厂家铜阳极泥化学成分　　　　　　　　（%）

厂家	Au	Ag	Cu	Pb	Bi	Sb	As	Se	Te	Fe	Ni	Co	S	SiO$_2$
1	0.8	18.84	9.54	12	0.77	11.5	3.06		0.5		2.77	0.09		11.5
2	0.08	19.11	16.67	8.75	0.7	1.37	1.68	3.63	0.2	0.22				15.1
3	1.27	9.35	40	10	0.8	1.5	0.8	21	1	0.04	0.5	0.02	3.6	0.3
4	1.97	10.53	45.8	1		0.81	0.33	28.42	3.83	0.4	0.23			
5	0.43	7.34	11.02	2.62		0.04	0.7	4.33		0,6	45.21		2.32	2.25
6	0.03	5.14	43.55	0.91	0.97	0.06	0.29	12.64	1.06	1.42	0.27	0.09		6.93

表 2-6　阳极泥的物相组成

主要元素	主要物相	主要元素	主要物相
Cu	Cu、CuO、Cu_2O、Cu_2S、Cu_2SO_4、$CuSe$、$CuTe$、$CuAgSe$、$CuCl_2$	Ag	Ag、Ag_2Se、Ag_2Te、$AgCl$、$AgCuSe$、$(Au、Ag)_2Te$
Pb	$PbSO_4$、$PbSb_2O_4$	Te	Ag_2Te、Cu_2Te、$(Au、Ag)_2Te$
Bi	Bi_2O_3、$(BiO)_2SO_4$	Se	Ag_2Se、Cu_2Se
As	$As_2O_3 \cdot H_2O$、$Cu_2O \cdot As_2O_3$、$BiAsO_4$、$SbAsO_4$	Au	Au、Au_2Te、$(Au、Ag)_2Te$
Sb	Sb_2O_3、$(SbO)_2SO_4$、$Cu_2O \cdot Sb_2O_3$	Pt	金属或合金状态（Pt、Pd）
S	Cu_2S	Ni	NiO
Fe	FeO、$FeSO_4$	Sn	$Sn(OH)_2SO_4$、SnO_2
Zn	ZnO		

从国内某铜冶炼厂铜阳极泥 7 年数据（见表 2-7）分析可知，尽管冶炼原料从国内铜精矿为主转到进口国外铜矿为主，但阳极泥成分基本趋于稳定。

表 2-7 国内某铜冶炼厂铜阳极泥成分 （%）

年份	Au	Ag	Cu	Se	Te	Pb	Sb	As	Bi	Ni
2003 年	0.253	13.09	16.26	4.73	1.08	10.9	4.4	4.38	2.27	0.84
2004 年	0.256	13.01	14.67	4.39	1.23	13.58	3.15	3.06	4.14	0.95
2005 年	0.333	10.09	13.82	3.65	0.77	14.88	3.06	2.63	4.32	0.97
2006 年	0.4	10.1	12.11	3.34	0.83	15.61	3.25	2.27	4.69	0.92
2007 年	0.468	10.6	14.01	3.73	0.87	12.44	3.99	1.56	2.89	1.03
2008 年	0.312	11.87	14.84	3.93	0.68	11.22	4.2	2.38	2.11	1.1
2009 年	0.339	15.91	13.85	4.07	0.78	7.95	3.54	2.75	0.89	0.92

2.3.2.2 焙烧—湿法流程

针对物料特点，铜阳极泥也可采用硫酸化焙烧—湿法处理工艺，这类工艺保留了高效硫酸化焙烧工序分离 Se、Cu 和 Ag，用湿法或电解法得到银产品。

以美国菲利浦道奇精炼厂为例，该厂年产 46 万吨铜，阳极泥量大，成分变化范围很宽，因此要求阳极泥处理工艺流程要具有"柔性"，以适应不同的物料对象。该厂使用的流程如图 2-14 所示。

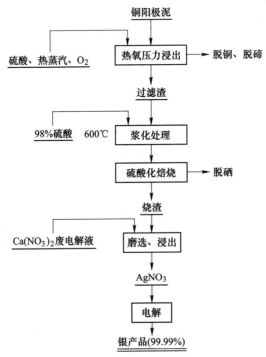

图 2-14 美国菲利浦道奇精炼厂铜阳极泥的湿法处理流程

A　热氧压力浸出工艺

高压浸出对脱铜和去除大部分碲是非常有效的。添加足够量的硫酸并喷射热蒸汽到高压釜中将物料加热到指定温度停气，充氧使压力升至 $1.32 \times 10^5 Pa$。因为其中的有机物质会分解成碳并氧化成 CO_2，同时铜的溶解放热反应也会产生蒸汽，在处理过程中通过持续排气使压力保持在 $1.16 \times 10^5 Pa$。如一批物料（2268kg）浸出 3~4h，当未溶解的铜低于 1% 时，可视为反应已经完全。

浸出后的阳极泥经挤压过滤、水洗和干燥待下一步处理。把过滤液抽到置换液反应器中，用铜屑除碲。脱铜、脱碲后的阳极泥成分见表 2-8。

表 2-8　脱铜、脱碲后的阳极泥成分　　　　　　　　　　　　（%）

样品编号	Ag	Au	Se	Te	Cu	As	Sb	Pb
1	20.06	0.64	17.40	0.53	0.56	0.31	0.88	6.22
2	25.90	0.59	19.30	1.85	0.44	0.69	3.33	3.62
3	26.90	0.45	24.30	2.26	0.67	0.72	4.49	4.09

B　硫酸化焙烧工艺

将干燥后的脱铜阳极泥置入浆料罐中，使用 98% 的硫酸，按与阳极泥成一定比例的量加入阳极泥中使阳极泥二次浆化，再加一定量的添加剂，以防止烧结结块并促进其脆性。二次浆经 600℃ 硫酸化焙烧，贱金属转变为硫酸盐，硒从中逸出形成易挥发性的 SeO_2：

$$CuSe + 4H_2SO_4 === CuSO_4 + SeO_2 + 3SO_2 + 4H_2O \qquad (2-47)$$

$$Ag_2Se + 4H_2SO_4 === Ag_2SO_4 + SeO_2 + 3SO_2 + 4H_2O \qquad (2-48)$$

焙烧脱硒的阳极泥成分见表 2-9。

表 2-9　焙烧脱硒的阳极泥成分　　　　　　　　　　　　（%）

范围	成　　分							
	Ag	Au	Se	Te	Cu	As	Sb	Pb
高	29.08	1.16	0.58	2.76	4.43	1.46	1.49	4.58
低	11.03	0.40	0.07	0.70	0.50~0.66	0.09	3.69	

将烧渣置入棒磨机加废电解液进行湿磨，在磨制过程中发生下列置换反应：

$$Ag_2SO_4 + Ca(NO_3)_2 === 2AgNO_3 + CaSO_4 \qquad (2-49)$$

磨浆在一定温度下进行 1h 处理，以确保最大限度地浸出。溶液的纯化是通过调整 pH 值来完成的。在一定的 pH 值条件下，充分使杂质从溶液中沉淀，而没有银的沉淀。为了进一步除掉杂质元素，添加硫酸铁到溶液中，在中和作用过程中形成氢氧化铁作为捕集剂以增强杂质的去除。再添加 $CaCO_3$ 调整 pH 值到 4.5，然后过滤、洗涤和干燥，滤饼送去氯化提金，而滤液送去电沉积银。

焙烧—湿法流程中还有许多其他提银工艺，如有人采用氨浸提银工艺：脱铜渣用常温氨浸提取，液固比为 4:1，加碱粉使碳酸铵中的铅转化为碳酸铅，氨浸出渣用 5% 的氨水漂洗，漂洗清液与氨浸液合并后在 70~80℃ 条件下用水合肼还原成银粉，将粗银粉（含 Ag 大于 98%）在中频感应炉中熔成阳极送电解，产出纯银。

若铜阳极泥中含碲较多，可对流程做改动：首先将硫酸化焙烧后改用水浸溶铜，脱铜渣进行碱浸溶碲，脱碲渣在硫酸溶液中加 $NaClO_3$ 进行氯化浸金，浸金渣改用 Na_2SO_3 溶液浸银，银浸出液再用甲醛还原得粗银粉。

2.3.2.3　全湿法流程

为了改善操作环境，消除污染，提高金、银直收率，增加经济效益等，对铜阳极泥的全湿法处理工艺已做了大量研究工作，并取得重大进展。

全湿法工艺采用稀硫酸、空气或氧气氧化浸出脱铜，再用氯气、氯酸钠或双氧水作氧化剂浸出 Se、Te。为了不使 Au、Pt、Pd 溶解，要控制氧化量（可通过浸出过程的电位来控制）；最后用氯气或氯酸钠作氧化剂浸出 Au、Pt、Pd，氯化渣用氨水或 Na_2SO_3 浸出 AgCl 并还原得银粉，粗银经电解得纯银产品。

有人认为，脱铜脱硒的阳极泥用硝酸浸出银是有利的。往硝酸浸出液中加入饱和氯化钠溶液，使银呈 AgCl 沉淀，再氨浸，从氨浸液直接还原成金属或将生成的 $[Ag(NH_3)]Cl$ 用铜置换回收银。硝酸银溶液也可用 5% 的氢氧化钠和氨水局部中和，适当降低酸度后电解制取纯银。硝酸不溶渣中还含有残余银和金，可用氰化钠溶液浸出，氰化液用铝置换。银的回收率为 99.94%。

另一种工艺是采用硝酸浸出原始铜阳极泥，在 40~115℃ 条件下进行，95% 的银转入溶液，硝酸银浸出液中用中性或碱性萃取剂萃取脱硝，再沉淀 AgCl。

采用氯化法处理阳极泥也在湿法流程中做过研究。在 6mol/L 盐酸、温度为 100~110℃ 条件下氯化，氯化银用氨水浸出，生成 $[Ag(NH_3)]Cl$，热分解回收氨后得纯 AgCl。往 AgCl 中加 114g/L 热氢氧化钠溶液，生成 AgOH，以葡萄糖还原成金属银。氯化过程中银的氯化率为 99.7%、回收率为 97.2%、纯度为 99.999%。

如果采用脱铜、脱硒后在低酸度下加其他氧化剂再氯化，金的溶解率可达 99.7%，氯化渣中的银用氨浸、水合肼还原能产出 99.98% 的纯银。氯化银也可用连二硫酸钠或亚硫酸钠溶液浸出，银的浸出率可达 99% 以上。

有人对铜、镍阳极泥处理采用硫酸脱铜、镍、铁，然后在 200℃ 用氢氧化钠处理残渣，使银生成 Ag_2O，再用 0.5mol/L 以下的稀硝酸处理，温度控制在 70℃ 以上、沸点以下，银则变成硝酸银而溶解，然后先沉淀铜、硒、金，过滤分离沉淀物后，用电解法制取纯银。

湿法流程重点考虑流程要短，金、银回收率要高，尽量消除对环境的污染等。全湿法工艺流程如图 2-15 所示。

2.3.2.4　INER 法

中国台湾核能研究所（INER）研究了一种从铜阳极泥中回收贵金属的新方法，被称为 INER 法，其工艺流程图如图 2-16 所示。从提取银的角度来看，工艺主要包括 4 个浸出过程：

（1）阳极泥用硫酸浸出脱铜；

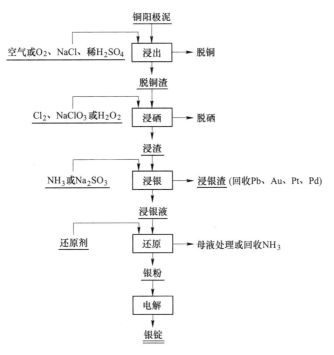

图 2-15 全湿法工艺流程图

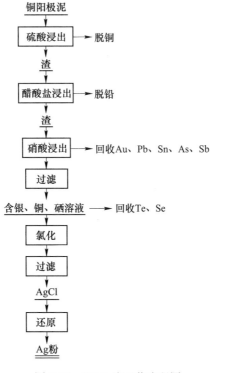

图 2-16 INER 法工艺流程图

（2）脱铜渣用醋酸盐溶液浸出脱铅；

（3）脱铅渣用硝酸浸出脱银、硒、碲（浸出率：Ag 96.1%、Se 98.8%、Te 70%）；

（4）在浸出液中加理论量的盐酸，沉淀出 AgCl（AgCl 纯度大于 99%、回收率大于 96%）。

阳极泥中存在大量铅，使阳极泥中有价金属回收困难。采用醋酸盐浸出脱铅，浸铅率随醋酸盐浓度和温度的升高而升高。

用硝酸溶解醋酸盐浸出残渣中的银和硒，浸出温度为 100~150℃，银、铜、硒、碲的浸出率分别为 96.13%、大于 99%、98.8% 和 70%。往浸出液中通氯气使银以 AgCl 形式沉淀回收，AgCl 还原得到银粉，粗银经电解得纯银产品。

此法与传统法相比，具有能耗低、排放物少、贵金属总回收率高（金 99% 以上、银 98%）、操作方便、适于连续生产等优点。

2.3.3 锡矿提取金银技术

处理粗锡有火法精炼和电解精炼两种工艺。对于含贵金属的粗锡，电解精炼几乎是不可取代的，然后从电解阳极泥回收银。按照来源可分为锡电解阳极泥和焊锡电解阳极泥，因其分别采用硫酸和硅氟酸电解质体系，其中的阴离子成分不同，除此以外其主要金属元素成分基本类似。一般为 Sn 30.75%~40.11%、Ag 0.13%~2.28%、Pb 1.75%~17.73%、Cu 0.36%~7.14%、Bi 1.10%~4.22%、As 1.70%~13.22%、Sb 1.99%~22.27%。锡阳极泥中的 Sn 主要以锡氧化物存在（堆存时间短为 SnO，堆存时间长则为 SnO_2），少量以金属态 Sn 存在。Sb 主要以氧化物 Sb_2O_4 及金属 Sb 存在。As、Bi 主要以氧化物形式存在，Cu、Ag 主要以金属态存在，Pb 主要以盐类形式存在。对其物相形态的分析，有利于锡阳极泥工艺的选择及确定。

关于电解阳极泥的处理，传统的方法是将粗锡电解阳极泥加熔剂进行还原熔炼，产出含银锡铅合金，再经硅氟酸电解精炼，产出锡铅粗合金电解阳极泥，此阳极泥中贵金属得到进一步富集，一般含 Ag 5~26kg/t。锡铅粗合金电解阳极泥多采用酸浸或焙烧后酸浸的流程，回收其中的贵金属及有色金属。由于阳极泥成分的差异，生产中选用的流程有所不同，以下为几种生产方法。

（1）盐酸及三氯化铁浸出法。采用盐酸、三氯化铁浸出—铁屑置换—铅银精矿浮选—硝酸分解—氯化沉银—水合肼还原—火法熔炼处理阳极泥，银的回收率达到 83%~86%，其他有价金属也得到全面回收，工艺投资少，能耗低，无铅、砷烟害。

（2）盐酸浸出—分铅—HCl 沉银—水合肼还原。盐酸浸出渣中的铅以 $PbCl_2$ 形态存在，金、银得到进一步富集。分铅渣不经任何处理直接用酸浸出，银的浸出率很低，而通过硫酸化焙烧后，银的浸出率极大提高。浸出液用 HCl 沉淀，再经洗涤及氨肼还原得银粉，银的直收率达 95%。

（3）氧化焙烧—稀硫酸浸出。如果阳极泥含 Pb、S 较高，含 Ag 低，采用常规方法会导致 Ag 的分散和直收率低，采用氧化焙烧—稀硫酸浸出—铜置换提 Ag，提高了 Ag 的回收率。

复习思考题

2-1　简述金、银矿的提取技术。

2-2　写出氰化提金、银的反应方程式。

2-3　简述氰化提金有哪些影响因素。

2-4　简述铅矿提金、银的技术路线。

2-5　简述铜矿提金、银有哪些工艺路线及其工艺流程。

3　铂族金属矿的提取与分离技术

3.1　砂铂矿的富集

由于砂铂矿原料中铂族金属的含量很低，达不到直接冶炼的要求，要经过处理得到品位较高的贵金属精矿后，才能进行分离提取，精制提纯各种铂族金属。故需要进行专门的富集处理。

砂矿中铂族金属矿物的相对密度大，在大于 0.074mm（200 目）时单体分离较好。利用上述两个特点，用淘汰盘、混汞或其他重选方法，即可获得贵金属精矿或粗铂。一些含铂族金属矿物粒度较大的脉矿经破碎细磨之后，也可用上述方法处理。常见的原生铂矿的富集处理流程如图 3-1 所示。

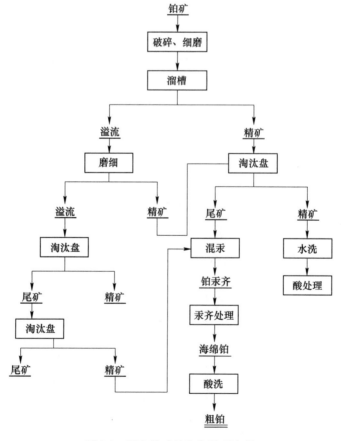

图 3-1　原生铂矿的富集处理流程

3.2 贵金属在铜镍硫化矿冶炼过程中的富集

从 20 世纪 30 年代以来，富集提取铜镍硫化矿中的贵金属是生产铂族金属的重要途径，其生产流程图如图 3-2 所示。

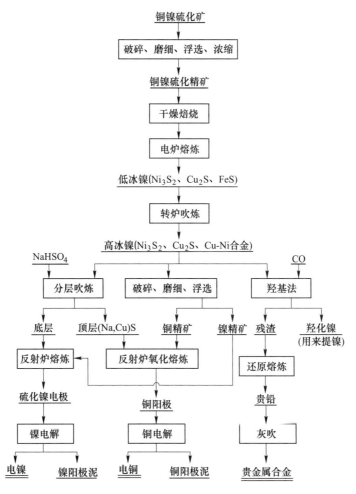

图 3-2 铜镍硫化矿生产铜、镍流程

国内外冶炼处理铜镍硫化精矿通常采用焙烧—电炉熔炼的工艺熔炼出低冰镍（Ni_3S_2、Cu_2S、FeS）。在精矿中镍铜总含量为 7%～9% 的条件下，产出低冰镍的铜镍含量大于18%，其余为铁 50% 和硫 30%；再用转炉对低冰镍进行吹炼，使硫化亚铁氧化造渣，而镍、铜的硫化物及少量的铜-镍合金组成高冰镍。一般高冰镍含镍达 40% 以上，含铜 20% 左右，还含有约 20% 的硫。芬兰等国用闪速炉熔炼代替电炉熔炼处理铜镍硫化精矿已获得成功。

原矿中铂族金属与金、银等贵金属经上述处理基本上富集于高冰镍中，尤其是高冰镍中的铜-镍合金富集贵金属的程度最大。

加拿大国际镍公司汤姆逊厂采用传统的分层熔炼法和羟基法处理高冰镍。分层熔炼法是将硫酸氢钠或硫化钠加入高冰镍中，进行高温熔炼，生成由硫化亚铜和硫化钠组成的顶层和二硫化三镍的底层，分别处理顶层与底层，即可分别产出电铜和电镍。高冰镍中的铂族金属和大量金主要进入底层。用电解法处理底层生产电镍时，贵金属进入镍阳极泥；用电解法处理顶层生产电铜时，银与其余少量贵金属则进入铜阳极泥。羟基法是用一氧化碳使原料中的镍生成挥发性的 $Ni(CO)_4$。

$$Ni + 4CO \xrightarrow[150℃]{50℃} Ni(CO)_4 \uparrow \tag{3-1}$$

处理收集得到的 $Ni(CO)_4$ 即可获得高品位的金属镍、高冰镍，而原矿中的贵金属则残留于羟化残渣中。该残渣经焙烧和用硫酸浸出其中的铜和镍，可获得贵金属品位达 20% 的浸出渣，其主要成分见表 3-1。浸出渣干燥后，经配料还原熔炼，灰吹得到富集了铂族金属与金、银的贵金属合金。

表 3-1　浸出渣主要成分

成分	Pt	Rh	Ag	Au	Pd	Ir	Ru
质量分数/%	1.85	0.2	15.42	0.56	1.91	0.04	0.16

此外高冰镍还可用缓冷结晶浮选分离法、磨矿磁选法及湿法冶金等方法来进行处理。当高冰镍用缓冷结晶浮选法处理时，最终可获得富集有贵金属的镍阳极泥和铜阳极泥；当采用磨矿磁选法时，则可得到进一步富集了贵金属的二次铜镍合金；用湿法冶金的方法来处理高冰镍，则贵金属富集到浸出残渣中。

3.3　镍阳极泥的处理

根据铂族金属含量的多少，镍阳极泥可以分为富阳极泥（含铂族金属约 4%）和贫阳极泥（含铂族金属约 1%）。这两种阳极泥处理的方法不一样，区别在于富阳极泥用还原熔炼和氧化吹炼等比较简单的冶金方法就能直接从原料中回收贵金属；而贫阳极泥则需要经过一次专门的大幅度富集过程，将绝大部分稀贵金属富集到贵金属精矿中。一般富集阳极泥较少，绝大部分是需要进行富集的贫阳极泥，其富集流程如图 3-3 所示。

3.3.1　镍阳极泥的热滤脱硫

阳极泥脱硫前，要进行洗涤，使残酸及可溶物与阳极泥分离，这样可以纯化阳极泥并使其含贵金属的品位相对提高，洗涤前后阳极泥成分的变化见表 3-2。

表 3-2　阳极泥洗涤前后成分的变化

成分	Pt/g·t⁻¹	Pd/g·t⁻¹	Au/g·t⁻¹	Cu/g·t⁻¹	Fe/%	Ni/%	S/%	SiO₂/%	Na/%
洗涤前	65	29	64	1.8	0.67	0.9	81	0.67	2.5
洗涤后	80	33	73	1.9	0.70	0.88	90		
变化	+23	+14	+14	+5.6	+4.5	-2.2	11		

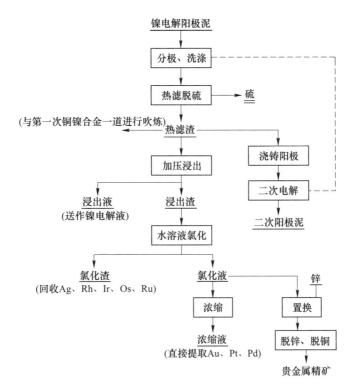

图 3-3　镍阳极泥富集贵金属流程

　　国内外从不同含硫物料中提取硫的方法大致可归纳为焙烧、蒸馏、浮选、加压浸出、溶剂萃取及热过滤等。焙烧和蒸馏是古老的脱硫方法，浮选只适于处理含硫低于 40% 的物料；加压浸出目前主要用于从硫黄矿中提硫；萃取法脱硫率高，但要考虑到残存有机物对电解的有害影响，所以加拿大汤姆逊厂采用热滤法脱硫技术，处理含硫达 95% 的阳极泥，获得了脱硫率达 80%、滤饼含硫量降至 50% 的明显效果。

　　热滤脱硫法的实质是使阳极泥中的硫在流动性最好的温度范围内，通过机械分离的方法使硫与不溶残渣分离，或加热熔结成小珠骤冷后筛选分离。生成的热滤渣富集了阳极泥中的各种贵金属。

　　硫有多种同素异形体，正交硫 S_α 熔点为 112.6℃，单斜硫 S_β 熔点为 119.25℃，一般硫的熔点为 115.21℃。当硫被加热到熔点以上时，最初生成浅黄色液体，升温至 159℃ 以上时，液体变为棕色，且黏度剧增。只有在温度为 130~155℃，液体硫的黏度最小，当温度大于 190℃ 时黏度随温度升高而有所减小，直到接近硫的沸点温度 444.6℃ 时，液体硫才恢复其流动性。所以热滤脱硫时，最适宜的温度为 135~145℃。

　　热滤脱硫的工艺过程是先将镍阳极泥放入容积为 2.5m³ 的加热容器中，用蒸汽将其加热到 145℃，使阳极泥中的硫均匀熔化，再移入过滤盘中过滤。过滤时真空度为 47051Pa，温度不低于 135℃，选择奥伦布为过滤介质。经过热滤可得到贵金属富集物，富集倍数为 4~5 倍，硫含量为 90%。热滤渣率为 18%~24%，脱硫率最高达 87%，所以热滤渣中残硫仍达 50% 以上，故热滤渣还需要进一步处理。处理的方法有二次电解法、加热浸出—水溶液氯化法、与一次铜镍合金返回吹炼制取二次合金法等。

3.3.2　热滤渣富集

本节对某热滤渣进行研究，实验原料经过制样、取样分析，成分分析结果见表 3-3。采用 XRD 对物料进行表征，结果如图 3-4 所示。从图 3-4 可以看出，热滤渣中硫大部分以元素硫形式存在，其余以硫化物形式存在。

表 3-3　热滤渣成分分析

成分	Ni	Cu	MgO	SiO$_2$	S	Ag	Au	Pt	Pd
质量分数/%	8.10	6.81	5.09	1.57	72.18	122.90g/t	85.30g/t	124.50g/t	134.90g/t

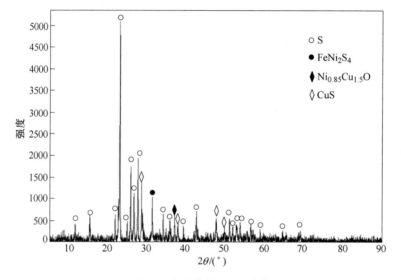

图 3-4　实验物料 XRD 图谱

焙烧—湿法浸出富集贵金属主要研究了焙烧温度、焙烧时间、热滤渣粒度、硫酸浓度、浸出时间、浸出温度等对贵金属富集的影响。通过实验，获得热滤渣富集贵金属的合理工艺条件为：粒度 0.080～0.106mm、焙烧时间 6h、焙烧温度 700℃、硫酸浓度 40%、浸出时间 5h、浸出温度 95℃、液固比 4:1、搅拌速度 250r/min。

在此工艺条件下，焙烧物和硫酸浸出渣的成分见表 3-4 和表 3-5。采用 XRD 对硫酸浸出渣进行表征，结果如图 3-5 所示。从图 3-5 可以看出，渣中主要物相为硫化镍铁和铜镍氧化物等。

表 3-4　焙烧物的成分分析

成分	Ag	Au	Pt	Pd
含量/g·t^{-1}	438.41	297.56	437.81	472.59

表 3-5 硫酸浸出渣的成分分析

成分	Ag	Au	Pt	Pd
含量/g·t^{-1}	1807.79	1198.60	1801.27	1937.66

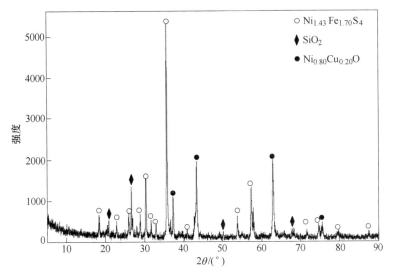

图 3-5 浸出渣 XRD 图谱

3.3.3 二次电解富集法

一次阳极泥经热滤脱硫后，进一步脱硫和富集贵金属的传统工艺是再次进行电解。把热滤渣在反射炉内于 1200~1300℃熔化，于 1500℃时铸成阳极。用不锈钢板作阴极，在硫酸溶液中进行隔膜电解。阳极上的铜、镍、铁、钠等以硫酸盐形态溶入电解液中，铜离子呈海绵铜在阴极析出，贵金属则进入二次阳极泥中而收集于阳极布袋内。某厂二次电解作业技术条件见表 3-6，二次电解阳极与二次阳极泥的化学成分见表 3-7，产出的二次阳极泥还需热滤脱硫。

表 3-6 二次电解作业技术条件

电解液成分	条 件
H_2SO_4	40g/L
Cl^-	5g/L
电解液温度	30~40℃
电流密度	200~600A/m^2
平均槽电压	3V
阳极泥产出率	22%~27%
贵金属富集倍数	3.4~4.2

表 3-7　二次电解阳极与二次阳极泥成分　　　　　　　　（%）

成分	Pt	Pd	Au	Cu	Ni	Fe	S	Na
二次阳极	0.039	0.018	0.044	25.8	37.8	5.08	25.8	1.8
二次阳极泥	0.14~0.17	0.063~0.075	0.14~0.18	12.5	0.75	1.58	85~95	

3.3.4　加压浸出—水溶液氯化法

3.3.4.1　加压浸出

加压浸出的目的与二次电解相同，但加压浸出的流程简单、生产周期和试剂消耗都小、综合回收率高，金、钯的收率达 92%，铂达 88%。

热滤渣中含 50%~60% 的硫，而其中的铜、镍、铁等基本上是以硫化物的形态存在，如 CuS、NiS、Cu_2S、FeS、$(Ni,Cu)S$ 及元素硫。当温度为 150℃、氧压为 $6.86×10^5 Pa$、液固比为 8~10 时，它们都能形成可溶硫酸盐，硫氧化成硫酸，其反应如下：

$$NiS + 2O_2 === NiSO_4 \tag{3-2}$$

$$CuS + 2O_2 === CuSO_4 \tag{3-3}$$

$$Cu_2S + 2.5O_2 === CuSO_4 + CuO \tag{3-4}$$

$$2FeS + 4O_2 + SO_4^- === Fe_2(SO_4)_3 \tag{3-5}$$

$$S + 1.5O_2 + H_2O === H_2SO_4 \tag{3-6}$$

上述反应速度的大小与多种因素有关，由于热滤渣的含硫很高，因此硫的氧化速度是浸出反应过程的决定因素。在不同温度和 pH 值条件下，硫氧化具有不同的速度。在 pH 值小于 2、温度低于 160℃时易生成元素硫；当 pH 值大于 2，易生成 SO_4^{2-}、HSO_4^-；当 pH 值为 5~6 时开始生成多硫酸盐 $S_3O_6^{3-}$；在 160℃以上则生成 SO_4^{2-}、HSO_4^-。

由于硫氧化产生大量的酸，根据质量作用定律，若及时消耗这些酸将促进硫氧化反应向右进行。作业中常添加达 75% 的 $Ni(OH)_2$ 使硫酸转变成高浓度硫酸镍溶液返回镍电解工序，此时硫的氧化率可达 99%。但是酸低时又对除铁、铜、镍不利，为此生产上采用两段浸出的方法，即先用高酸 100g/L 浸出，随后加入 $Ni(OH)_2$ 进行低酸浸出。从而分别除去了热滤渣中的杂质，贵金属则留在浸出渣中，实现了富集的目的。

3.3.4.2　水溶液氯化

水溶液氯化的目的是借氯气的强氧化作用，将高压浸出渣中的贵金属氯化溶解造液，为提取贵金属提供料液。

A　$Cl-H_2O$ 系电势-pH 图

氯气溶于水后，25℃时有关组分稳定存在的条件如图 3-6 所示。

由图中 Cl_2、Cl^-、$HClO$、ClO^- 的稳定存在区与水稳定存在区的分布可见，Cl^- 稳定存在区扩展到 pH 值的全部刻度上，并且完全覆盖水的稳定存在区；氯气能够使水氧化并按下述反应析出氧：

$$Cl_2 + H_2O === 2Cl^- + 2H^+ + 1/2O_2 \qquad (3-7)$$

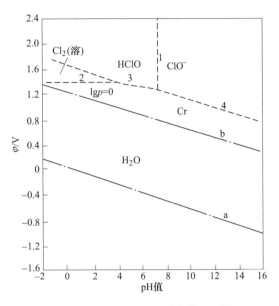

图 3-6 25℃时 Cl-H$_2$O 系电势-pH 图

1—HClO === ClO$^-$+H$^+$; 2—Cl$_2$(溶)+2e === 2Cl$^-$; 3—HClO+H$^+$+2e === Cl$^-$+H$_2$O;

4—ClO$^-$+2H$^+$+2e === Cl$^-$+H$_2$O; a—2H$^+$+2e === H$_2$; b—O$_2$+4H$^+$+4e === 2H$_2$O

这表明氯气在水介质中是一种很强的氧化剂，在很大的 pH 值范围内能直接或间接地将常见金属与化合物氧化。图 3-6 还表明，氯气的稳定存在区较狭小，只有在 pH 值较低的酸性介质中才稳定存在，在碱性介质中，氯气则转化为次氯酸，次氯酸是弱酸，但也是一种强氧化剂。次氯酸和次氯酸根的稳定范围分布在水和氯气（酸性溶液中）的稳定范围之上，这说明次氯酸和次氯酸盐能够使水和酸性介质中的氯化物氧化生成氧和氯。

B 氯化浸出反应

高压浸出渣还不是生产贵金属的精矿，必须进行水溶液氯化浸出处理，利用氯气的强氧化作用将浸出渣中的贵金属造液，为进一步产出贵金属精矿提供原料。

25℃时贵金属和氯的标准电极电势见表 3-8。由表可知，除金以外，氯气可将所有贵金属氧化成氯化物。

表 3-8 25℃时贵金属和氯的标准电极电势

电极	Au$^+$/Au	Au^{3+}/Au	2Cl$^-$/Cl	Pt^{4+}/Pt	Ir^{3+}/Ir	Pd^{2+}/Pd	Rh^{3+}/Rh	Ag+/Ag	Ru^{3+}/Ru
标准电极电势/V	+1.58	+1.42	+1.358	+1.2	+1.15	+0.987	+0.80	+0.7994	+0.49

由于氯溶于水之后能生成还原电势值更正（+1.63V）的次氯酸，因此能促进包括金在内的所有贵金属都氯化。氯化反应如下：

$$Cl_2 + H_2O === HCl + HClO \qquad (3-8)$$

$$Pt + 2Cl_2 + 2HCl(2NaCl) \Longrightarrow H_2PtCl_6 (Na_2PtCl_6) \qquad (3-9)$$

$$Pd + Cl_2 + 2HCl(2NaCl) \Longrightarrow H_2PdCl_4 (Na_2PdCl_4) \qquad (3-10)$$

$$2Au + 3Cl_2 + 2HCl(2NaCl) \Longrightarrow 2HAuCl_4 (2NaAuCl_4) \qquad (3-11)$$

$$2Ag + Cl_2 \Longrightarrow 2AgCl \qquad (3-12)$$

生成的氯化银可在浓盐酸或碱金属氯化物溶液中溶解，当溶液稀释时，它又会逆向反应析出氯化银沉淀。

$$AgCl + 2Cl^- \Longrightarrow AgCl_3^{2-} \qquad (3-13)$$

普通金属在水溶液中的氯化反应如下：

$$Cu_2S + 5Cl_2 + 4H_2O \Longrightarrow CuSO_4 + CuCl_2 + 8HCl \qquad (3-14)$$

$$CuFeS_2 + 8.5Cl_2 + 8H_2O \Longrightarrow CuSO_4 + FeCl_3 + H_2SO_4 + 14HCl \qquad (3-15)$$

$$Cu_2S + 4FeCl_3 \Longrightarrow 2CuCl_2 + 4FeCl_2 + S^0 \qquad (3-16)$$

$$S^0 + 4H_2O + 3Cl_2 \Longrightarrow 6HCl + H_2SO_4 \qquad (3-17)$$

物料中镍一部分被氯化溶解进入溶液，另一部分则因表面氧化生成氧化镍而将镍钝化，使镍溶解速度放慢。物料中经高温氧化生成的三氧化二铁难溶于酸，尤其在强氧化气氛中更为稳定。所以氯化的难易程度表现为铜、镍、铁的逆转顺序。硅和铝的氧化物不被氯化而残留于渣中。

三氯化铁对物料中的许多组分表现出强的溶解能力，生成的二氯化铁又极易被氯化为三氯化铁，因此它是氯的"传递剂"，有利于对其他金属的氯化溶解。

C　氯化浸出作业

水溶液氯化作业的主要技术条件是：液固比为 5、物料粒度不大于 1mm、盐酸浓度为 3mol/L、氯化钠浓度为 10%、通入氯气 8h、温度为 80~90℃、机械搅拌。如氯化作业中加入一定量硝酸，可使氯化速度大幅度增加。

经一次氯化后，氯化渣仍含有铂族金属 0.3%~0.4%，故常进行二次氧化，两次氯化的作业条件基本相同，但第二次时间缩短至 4h，这可将贵金属直收率提高 2%~3%。二次氯化后的残渣仍需集中处理，以便回收其中的贵金属银、铑、铱、锇和钌。

水溶液氯化浸出液含贵金属仅有 2% 左右，不能直接用来提取贵金属。若氯化液中普通金属含量低，当含 Cu 小于 0.2%、Fe 小于 0.6% 时，此氯化液可先行浓缩，再送去分别提取金、铂、钯等；此外，氯化液也可用锌粉置换其中的贵金属，溶液中金最易置换，钯次之，而铂较难，只有铜全被置换后铂才被置换完全，致使置换产物中含有不少的铜。因此，置换产物须经盐酸脱锌和硫酸高铁脱铜后才能得到贵金属精矿。

3.4　从二次铜镍合金生产贵金属精矿

由图 3-3 可知，生产贵金属精矿还有另外一条途径，即将热滤渣与一次铜镍合金一道进行吹炼得二次高冰镍，经破碎、磨细、磁选得二次铜镍合金，贵金属富集于其中，用其作为原料生产贵金属精矿，其生产流程如图 3-7 所示。

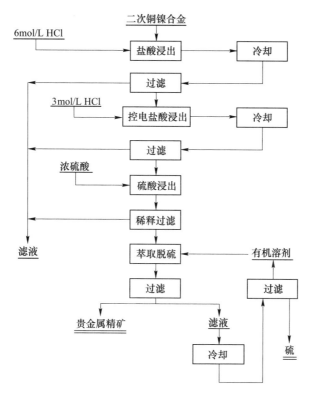

图 3-7　二次合金生产贵金属精矿流程

该流程主要包括盐酸和硫酸浸出溶解脱除铜、镍、铁等普通金属，以及有机溶剂溶解脱除硫两个阶段。前段选用盐酸和热浓硫酸作溶剂。盐酸浸出的主要作业条件是：液固比为6、温度为80℃、机械搅拌、浸出时间为12h。

由于浆料的氧化还原电势受通入氯气和加料的速度所控制，因此可用该法分离硫化矿、冰铜和电解阳极泥中的镍、铜及贵金属。所以工艺采用控电盐酸浸出，这种作业在通入氯气的条件下，控制料液电势为450~500mV，并适当降低酸度，增大液固比至9，使具有较低电势的铜、铁、镍迅速进行氯化溶解，当全部镍接近溶解时，有硫化铜形成并沉淀，与具有较高电势而不溶解的贵金属一道残留于浸出渣中。用浓硫酸进一步浸出物料中的铜、镍时，要求将温度提高到180℃。浸出的滤液主要含有普通金属的氯化物和硫酸盐，可送镍电解工序回收其中的镍和铜。

合金粉脱去铜、镍、铁后，尚残留有80%左右的硫，现采用有机萃取法脱硫。萃取剂选用四氯乙烯，其物理特性为：沸点121℃，不易燃、不易爆，25℃时在水中的溶解度为0.04%，硫在其中的溶解度随温度升高而增大，90℃时为220g/L，100℃时达365g/L。因此，萃取的作业条件是：温度为90~100℃、液固比为5、脱硫率可达98%。硫被溶出后，降低有机相的温度，硫便从有机相析出，这样四氯乙烯又得到了再生可返回使用。脱硫后的过滤渣便是所要求的贵金属精矿。某厂生产的贵金属精矿成分见表3-9。

表 3-9　贵金属精矿成分

成分	Cu	Ni	Pt	Pd	Rh	Ir	Os	Ru	Au
质量分数/%	1.10	4.03	2.84	0.83	0.185	0.28	0.18	0.41	0.55

3.5　铂族金属的分离

贵金属精矿几乎含有所有的贵金属。为了综合提取其中的各种铂族金属，国内外采取了多种生产流程。英国阿克顿铂族金属精炼厂从精矿中分离提取铂族金属的流程如图 3-8 所示。此生产流程具有一定的典型性，原精矿中的所有贵金属都得到提取。它是利用各种金属本身所固有的物理、化学特性而进行分离提取的。

阿克顿流程也和其他传统流程一样，通常是把贵金属精矿中含量较多的贵金属，如铂、钯、金、银等先行分离，然后分离铑、铱，最后才提取锇、钌。这样，就使含量较少的锇、钌分散到先期提取的金属成品或半成品中，从而增加了分离工艺的复杂性，同时也降低了锇、钌的回收率。这是阿克顿流程和其他传统流程的弊端。

为了克服上述弊端，有的工厂采取了新的流程，即把贵金属精矿中的锇、钌先行分离出来。分离锇、钌的方法是蒸馏法。

3.5.1　蒸馏分离锇、钌的原理

锇、钌或其溶液在强氧化剂（氯、氧）作用下，容易生成高价锇、钌氧化物，即四氧化锇（OsO_4）和四氧化钌（RuO_4）。

四氧化锇又称锇酐，常温下为固体，透明近似无色或浅绿色，于 39.5℃ 熔化，120℃ 发生汽化，有烧碱味。若与氢或有机物接触，就被还原成黑色的二氧化锇。

四氧化钌常温时为黄色针状体，也有碱味，于 25℃ 时针状体熔化并转变为棕色细粒，其熔点为 27℃。液态四氧化钌在接近 65℃ 时汽化。

上述氧化物在不高的温度下具有极大的挥发性，这有利于锇、钌与其他金属用蒸馏法分离，其蒸馏分离流程如图 3-9 所示。

四氧化钌溶于盐酸，反应生成三氯化钌，若再与钾盐作用时，则生成可溶性的氯钌酸钾（K_2RuCl_5）：

$$2RuO_4 + 16HCl \Longrightarrow 2RuCl_3 + 8H_2O + 5Cl_2 \tag{3-18}$$

$$RuCl_3 + 2KCl \Longrightarrow K_2RuCl_5 \tag{3-19}$$

四氧化锇不溶于盐酸，因四氧化锇及四氧化钌为弱酸酐，它们在还原剂酒精或硫酸存在条件下，可与碱液作用生成紫色的锇酸盐或钌酸盐溶液，通式可写作 Me_2OsO_4 或 Me_2RuO_4。上述性质为从四氧化锇和四氧化钌的混合物中分离锇、钌提供了依据。

锇与硫脲盐酸作用可生成红色的 $Os[CS(NH_2)_2]_6Cl_3OH$，即使极微量的锇与硫脲盐酸作用也能变为红色。盐酸酸化的钌盐溶液与硫脲作用则为深蓝色。上述变色特性，为生产

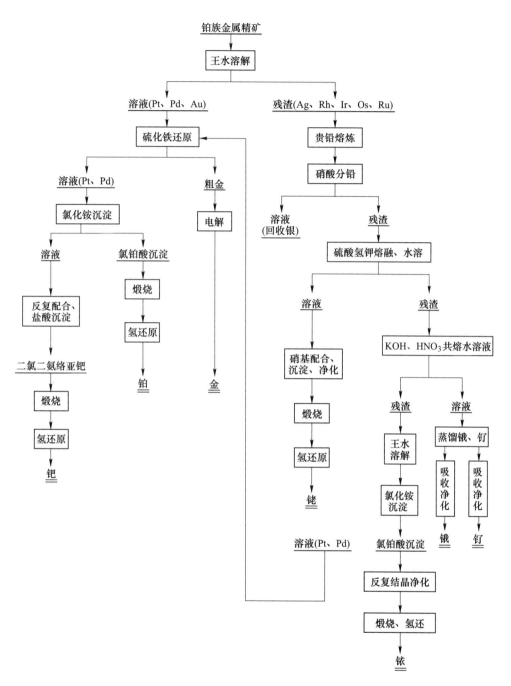

图 3-8 阿克顿精炼厂提取铂族金属的流程

作业提供了判定锇、钌存在与否的灵敏度和简易的鉴定方法,这不但有利于直观地观察锇、钌回收的完全程度,同时对改善劳动条件,为防止四氧化锇与四氧化钌对人体造成危害提供了明显的信号。

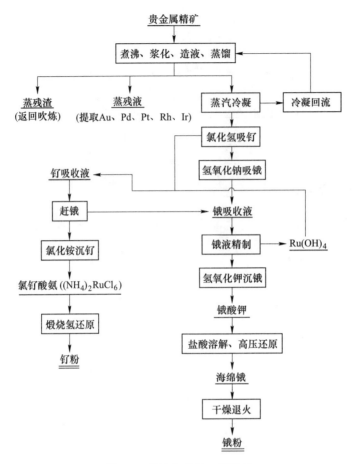

图 3-9　蒸馏分离锇、钌流程

3.5.2　分离作业过程

3.5.2.1　造液蒸馏

贵金属精矿可在耐酸搪瓷反应釜中先加稀硫酸浆化，控制液固比为 5，通蒸汽加热至沸腾，以便除去料液中的有机夹杂。这时加入固体氯酸钠使浆料溶解，氯酸钠用量为精矿量的 1~1.5 倍。氯酸钠在硫酸介质作用下发生以下反应：

$$3NaClO_3 + H_2SO_4 = Na_2SO_4 + NaCl + 9[O] + 2HCl \tag{3-20}$$

$$2HCl + [O] = 2[Cl] + H_2O \tag{3-21}$$

新生态的氯 [Cl] 与氧 [O] 具有极强的氧化性，它能将原料精矿中的各种贵金属氧化配合溶解：

$$Os + 2HCl + 3[Cl] = H_2OsCl_5 \tag{3-22}$$

$$Ru + 2HCl + 3[Cl] = H_2RuCl_5 \tag{3-23}$$

$$Pt + 2HCl + 4[Cl] = H_2PtCl_6 \tag{3-24}$$

$$Pd + 2HCl + 2[Cl] \Longrightarrow H_2PdCl_4 \tag{3-25}$$

$$Au + HCl + 3[Cl] \Longrightarrow HAuCl_4 \tag{3-26}$$

$$Rh + 2HCl + 4[Cl] \Longrightarrow H_2RhCl_6 \tag{3-27}$$

$$Ir + 2HCl + 4[Cl] \Longrightarrow H_2IrCl_6 \tag{3-28}$$

生成的氯锇酸和氯钌酸容易进一步氧化生成四氧化锇和四氧化钌：

$$H_2OsCl_5 + [O] \longrightarrow OsO_4 + HCl + Cl_2 \tag{3-29}$$

$$H_2RuCl_5 + [O] \longrightarrow RuO_4 + HCl + Cl_2 \tag{3-30}$$

若控制过程温度约为100℃，则 OsO_4 和 RuO_4 不断汽化挥发，将此气体用负压抽出容器外，就实现了锇、钌与其他贵金属溶液的分离。未被氯化造液溶解的少量蒸残渣可送转炉吹炼生产二次高冰镍，分离了锇、钌的蒸残液则送下道工序，分离提取其中的贵金属。

由于锇、钌氧化物有毒，故蒸馏装置严格密封，还要求现场通风良好，防止有毒气体对操作人员造成危害。锇、钌在上述过程中的蒸出率均为99%以上。

3.5.2.2 吸收

蒸馏产出的气体先经降温冷却，使高沸点物质和水汽冷凝回流入蒸馏装置内，其余气体在 -0.0027MPa 水柱的负压作用下被导入锇、钌的吸收装置。

根据四氧化锇与四氧化钌的不同特性，选择盐酸作钌吸收液，氢氧化钠作锇吸收液。钌吸收液的盐酸浓度约控制为 4mol/L、温度保持为 25~35℃；锇吸收液的氢氧化钠浓度控制约为20%。为保证钌、锇在吸收液中更好地溶解，吸收液中应加入适量的酒精，但酒精用量不宜多，否则还原性的酒精将与钌、锇氧化物剧烈作用而造成危害。吸收过程采用串联法连接，前段吸收钌，后段吸收锇。

钌吸收的主要反应为：

$$2RuO_4 + 20HCl \Longrightarrow 2H_2RuCl_5 + 8H_2O + 5Cl_2 \tag{3-31}$$

锇吸收的主要反应为：

$$2OsO_4 + 4NaOH \Longrightarrow 2Na_2OsO_4 + 2H_2O + O_2 \tag{3-32}$$

为了提高锇、钌吸收率，需采用三段吸收装置，在管路适当处放置浸有硫脲的棉球，以检查锇、钌吸收是否完全，若吸收尾气中含有钌（即使有微量钌），则棉球变为蓝色；若尾气含有锇，则棉球变成红色。要求吸收过程进行到棉球不变颜色时为止。吸收作业中锇吸收率可大于97%，钌吸收率接近100%。

3.5.2.3 从吸收液中提取锇、钌

对于钌吸收液先缓慢加热浓缩控制钌浓度约在 30g/L，并将 +3 价钌氧化为 +4 价钌后，加入氯化铵沉钌：

$$H_2RuCl_6 + 2NH_4Cl \Longrightarrow (NH_4)_2RuCl_6 \downarrow + 2HCl \tag{3-33}$$

生成的 $(NH_4)_2RuCl_6$（氯钌酸铵）沉淀为暗红色，用酒精洗到无色烘干，经430℃煅烧，约850℃时进行氢还原制得钌粉。锇吸收液中加入氢氧化钾沉锇生成的 K_2OsO_4（锇酸

60

钾）（见式（3-34））沉淀呈紫红色，此沉淀用盐酸溶解后，再经高压氢还原，压力为 $24.5×10^5$Pa、还原温度为 125℃、时间约为 2h，即按式（3-35）产出海绵锇，海绵锇再经干燥、高温氢保护退火，最后产出锇粉。

$$2Na_2OsO_4 + 4KOH === 2K_2OsO_4 \downarrow + 4NaOH \tag{3-34}$$

$$K_2OsO_4 + 2HCl + 3H_2 === Os \downarrow + 2KCl + 4H_2O \tag{3-35}$$

锇吸收液也可加固体氯化铵，按下式反应沉淀锇：

$$Na_2OsO_4 + 4NH_4Cl === [OsO_2(NH_3)_4]Cl_2 \downarrow + 2NaCl + 2H_2O$$

$$\tag{3-36}$$

反应时氯化铵不能过量，否则生成游离氨，游离氨易将上述锇盐沉淀转变为溶于水的氯化物，影响锇的直收率。按上述反应产出的锇盐沉淀要立即过滤，滤饼洗涤干燥后，于 700~800℃煅烧，用氢还原，在氮气中冷却后，即可制得锇粉。成品锇粉品位达 99% 以上。

3.5.3　选择沉淀金、钯

贵金属精矿经氯化造液，蒸馏分离锇、钌后，其余贵金属几乎全部汇集于蒸残液中，蒸残液的组成见表 3-10。

表 3-10　蒸残液的组成　　　　　　　　　　（g/L）

组分	含量	组分	含量	组分	含量
Cu	2.82	Pd	2.80	Ir	0.413
Ni	11.2	Au	1.32	Os	0.00019
Pt	7.66	Rh	0.41	Ru	0.00032

蒸残液中除贵金属外，普通金属铜、镍含量较高，应先进行预处理，再除去部分杂质，进一步富集贵金属；然后用选择沉淀的方法，将金、钯分离提取出来，余液再用来分离提取铂、铑、铱。

从热残液中选择沉淀及分离提取金、铂、钯有多种方法，如硫化沉淀法、置换法等，如图 3-10 所示。

为了消除对以后工艺的影响和进一步富集贵金属，蒸残液首先在加温和搅拌的情况下加入盐酸至无黄烟产生为止，使残存的氯酸钠分解（见式（3-37）），然后加入 10% 的硫化钠使贵金属和贱金属以硫化物状态沉淀（见式（3-38））。

$$NaClO_3 + 6HCl === NaCl + 3H_2O + 3Cl_2 \tag{3-37}$$

$$Na_2PtCl_6 + 2Na_2S === PtS_2 \downarrow + 6NaCl \tag{3-38}$$

其他金属盐类也按与式（3-38）相似的反应，生成 Au_2S_3、Pd_2S_3、Rh_2S_3、Ir_2S_3 等和铜、镍硫化物的棕黑色沉淀。作业用硫化钠调整 pH 值为 7~9，煮沸 1h 后用盐酸调 pH 值为 0.5，保温搅拌 1h 后沉淀，贵金属硫化物沉淀率达 100%，沉淀物经吸滤洗涤后加 6mol/L 的盐酸溶液浸煮，贵金属硫化物不被盐酸溶解，而铜、镍、铁等普通金属硫化物则生成相应的氯化物而溶解，并与贵金属分离。该法称硫化沉淀法。

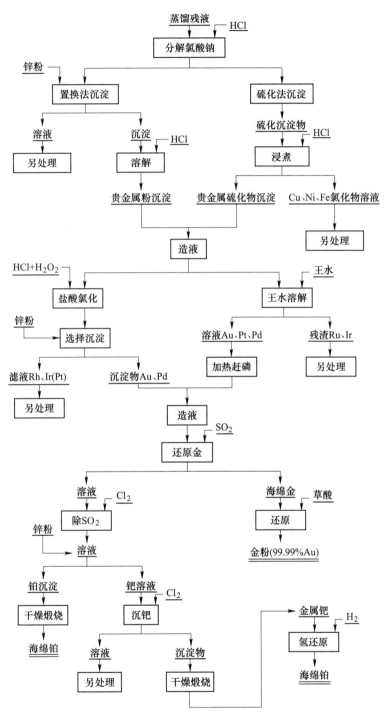

图 3-10　选择沉淀金、铂、钯流程

置换法沉淀贵金属则是在 pH 值为 1~2 的情况下加入粉状金属锌、镁、铝等还原剂，使贵金属置换沉淀（见式（3-39）），然后用盐酸将过量的还原剂溶解出来。沉淀物的贵金属品位可达 90% 以上。

$$Na_2PtCl_6 + 2Zn =\!=\!= Pt\downarrow + 2NaCl + 2ZnCl_2 \tag{3-39}$$

上述的沉淀物包含有硫化物沉淀和贵金属粉末沉淀。下一步作业便是造液，然后使它们相互分离。造液可用前述的电控盐酸浸出法或氯化钠氯化造液法，也可用王水溶解法和盐酸氯化造液法。王水溶解贵金属的造液反应为：

$$18HCl + 4HNO_3 + 3Pt =\!=\!= 3H_2PtCl_6 + 8H_2O + 4NO \tag{3-40}$$

铑、铱很难被王水溶解，它只溶解铂、钯、金而相应形成 H_2PtCl_6、H_2PdCl_6 和 $HAuCl_4$。造液所得的溶液需要赶硝，即将溶液加热浓缩的同时加入大量浓盐酸，使硝酸分解成二氧化氮和一氧化氮气体，与液体分离。

盐酸氧化造液法是在加入盐酸和过氧化氢的情况下进行下列反应：

$$Pt + 6HCl + 2H_2O_2 =\!=\!= H_2PtCl_6 + 4H_2O \tag{3-41}$$

$$PtS_2 + 6HCl + 2H_2O_2 =\!=\!= H_2PtCl_6 + 4H_2O + 2S \tag{3-42}$$

然后，加入硫化钠便可使贵金属氯络酸中的金和钯选择沉淀出来。因贵金属离子与硫离子化合能力存在着很大的差异，其化合能力由大变小的顺序是 Au^{3+}、Pd^{2+}、Cu^{2+}、Pt^{4+}、Rh^{3+}、Ir^{3+}。所以当用氨氧化钠调整 pH 值为 0.5～1，并将硫化钠浓度为 10% 的溶液加入时，金、钯和部分铂迅速被硫化沉淀：

$$2HAuCl_4 + 3Na_2S =\!=\!= Au_2S_3\downarrow + 6NaCl + 2HCl \tag{3-43}$$

$$H_2PdCl_4 + Na_2S =\!=\!= PdS\downarrow + 2NaCl + 2HCl \tag{3-44}$$

$$H_2PtCl_6 + 2Na_2S =\!=\!= PtS_2\downarrow + 4NaCl + 2HCl \tag{3-45}$$

选择沉淀金、钯的沉淀率达 99%～100%，同时还有 20%～30% 的铂进入其中被送去分离金、钯和铂，沉淀后的滤液则送去分离铂、铑和铱。

金与铂、钯分离也用 HCl 和 H_2O_2（或 Cl_2）造液，使它们以 $HAuCl_4$、H_2PdCl_4 和 H_2PtCl_6 进入溶液，然后在 80～90℃ 下用二氧化硫还原金：

$$2HAuCl_4 + 3SO_2 + 6H_2O =\!=\!= 2Au\downarrow + 3H_2SO_4 + 8HCl \tag{3-46}$$

所得海绵金用萃取法或电解法提纯，最好用草酸还原法提纯，得含 99.99% Au 的金粉。

沉金后的溶液用煮沸或通氯法除二氧化硫后，加氯化铵分离铂、钯（见式（3-47）和式（3-48）），此时生成 $(NH_4)_2PtCl_6$ 淡黄色沉淀，$(NH_4)_2PdCl_4$ 则留在溶液中；经吸滤和氨水洗涤后，将含铂的沉淀物干燥并在 750℃ 下煅烧得海绵铂（见式（3-49））。

$$H_2PtCl_6(Na_2PtCl_6) + 2NH_4Cl =\!=\!= (NH_4)_2PtCl_6 + 2HCl(2NaCl) \tag{3-47}$$

$$H_2PdCl_4(Na_2PdCl_4) + 2NH_4Cl =\!=\!= (NH_4)_2PdCl_4 + 2HCl(2NaCl) \tag{3-48}$$

$$3(NH_4)_2PtCl_6 \xrightarrow{\triangle} 3Pt + 16HCl + 2NH_4Cl + 2N_2 \tag{3-49}$$

从溶液中提钯时，应将溶液浓缩至钯含量为 40g/L，料液中钯以氯亚钯酸存在，若向料液中通入氯气时，亚钯离子氧化成具有 Pd^{2+} 存在的氯钯酸铵黄色沉淀（见式（3-50））。氯钯酸铵黄色沉淀吸滤后，用常温的氯化铵溶液洗涤数次，再将沉淀加热至 500～700℃ 进行煅烧（见式（3-51）），在煅烧温度作用下，生成的金属钯又将氧化生成黑色的氧化亚钯（见式（3-52）），氧化亚钯还须进行氢还原（见式（3-53））。

$$(NH_4)_2PdCl_4 + Cl_2 === (NH_4)_2PdCl_6 \qquad (3-50)$$

$$3(NH_4)_2PdCl_6 \xrightarrow{\triangle} 3Pd + 16HCl + 2NH_4Cl + 2N_2 \qquad (3-51)$$

$$2Pd + O_2 === 2PdO \qquad (3-52)$$

$$PdO + H_2 === Pd + H_2O \qquad (3-53)$$

氢还原可在坩埚电炉或管式电炉中进行，温度为500℃，通入氢气前要通入氮气或惰性气体氩以赶尽空气。氧化亚钯在氢气的作用下，颜色很快变成灰色，这时生成海绵钯。停电降温，继续通入氢气至温度降到200℃后，改通二氧化碳或氩气，以防止海绵钯氧化燃烧，适当增大通气量有利于带出容器中的水汽和快速降温，待温度降至常温时停止通气，快速取出海绵钯封存，钯纯度约为99%。

此外，黄色氯钯酸铵沉淀也可用水合肼$((NH_2)_2 \cdot H_2O)$直接还原，还原时先将沉淀浆化并煮沸溶解，然后在搅拌条件下缓慢定量加入工业纯水合肼，此时很快生成黑色的粉状金属钯：

$$(NH_4)_2PdCl_6 + 4(NH_2)_2 \cdot H_2O === Pd\downarrow + 6NH_4Cl + 2N_2 + 4H_2O \qquad (3-54)$$

提取铂、钯后的尾液要进行鉴定：取5~10mL尾液，置于100mL的分液漏斗内，加入8%的氯化亚锡、3mol/L HCl溶液10~20mL，再加入醋酸乙酯10~20mL，塞紧瓶塞，充分摇动1~2min进行萃取。若有机相呈黄红色，则尾液还需进一步回收贵金属；若上层有机相无色，则尾液可以弃之。

3.5.4　铂与铑、铱的分离

3.5.4.1　铂与铑、铱分离的工艺流程

经选择沉淀金、钯后，部分铂虽与金、钯共沉，而其余大部分仍与铑、铱一道进入滤液。为在此滤液中提取铂，就要先进行铂与铑、铱的分离，铂与铑、铱分离的传统方法是水解法。用水解法分离铂、铑合金废料也很有效，但废铂、铑需先行造液后才能作为水解分离的料液。水解分离铂与铑、铱的工艺流程如图3-11所示。

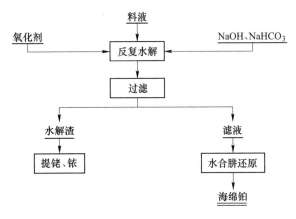

图3-11　铂与铑、铱的水解分离流程

3.5.4.2　水解原理

各种铂族金属氯络离子水解反应的 $pH^{\ominus}$ 及 pH 值的平衡方程见表 3-11。

表 3-11　铂族金属氯络离子水解反应的 $pH^{\ominus}$ 及 pH 值的平衡方程

水解反应	$pH^{\ominus}$ 值	pH 值的平衡方程
$PtCl_4^{2-}+H_2O \Longrightarrow 2H^++4Cl^-+Pt(OH)_2$（黄色）	4.29	$pH=4.29-0.5lga_{PtCl_4^{2-}}+lga_{Cl^-}$
$PtCl_6^{2-}+4H_2O \Longrightarrow 4H^++6Cl^-+Pt(OH)_4$（棕红色）	3.88	$pH=3.88-0.25lga_{PtCl_6^{2-}}+1.51lga_{Cl^-}$
$PdCl_4^{2-}+2H_2O \Longrightarrow 2H^++4Cl^-+Pd(OH)_2$（褐色）	5.175	$pH=5.175-0.5lga_{PdCl_4^{2-}}+2lga_{Cl^-}$
$PdCl_6^{2-}+4H_2O \Longrightarrow 4H^++6Cl^-+Pd(OH)_4$（深红色）	4.95	$pH=4.95-0.25lga_{PdCl_6^{2-}}+1.5lga_{Cl^-}$
$RhCl_6^{3-}+3H_2O \Longrightarrow 3H^++6Cl^-+Rh(OH)_3$（黑色胶状）	6.45	$pH=6.45-0.33lga_{RhCl_6^{3-}}+21ga_{Cl^-}$
$RhCl_6^{2-}+4H_2O \Longrightarrow 4H+6Cl^-+Rh(OH)_4$（绿色）	6.05	$pH=6.05-0.25lga_{RhCl_6^{2-}}+1.5lga_{Cl^-}$
$IrCl_6^{3-}+3H_2O \Longrightarrow 3H^++6Cl^-+Ir(OH)_3$（绿色）	2.637	$pH=2.637-0.33lga_{IrCl_6^{3-}}+2lga_{Cl^-}$
$IrCl_6^{2-}+4H_2O \Longrightarrow 4H^++6Cl^-+Ir(OH)_4$（蓝黑色）	-0.36	$pH=-0.36-0.25lga_{IrCl_6^{2-}}+1.5lga_{Cl^-}$

由表 3-11 中数据可知，各种铂族金属氯络离子进行水解，要求具有不同的 $pH^{\ominus}$ 值，一般情况总是高价氯络离子的水解 $pH^{\ominus}$ 值小于低价氯络离子的水解 $pH^{\ominus}$ 值。按这一规律向酸性介质中铂族金属氯络离子溶液内加入碱液，随着溶液 $pH^{\ominus}$ 值的增大，最先水解成的氢氧化物应是高价氯络离子。所以越使铂族金属氯络离子保持高价状态，越有利于使其最先水解。按以上规律，铂氯络离子 $PtCl_6^{2-}$ 应先于低价态的 $PtCl_4^{2-}$ 按式（3-55）水解，生成的 $Pt(OH)_4$ 易与水结合生成 $H_2Pt(OH)_6$ 或（$Pt(OH)_4 \cdot 2H_2O$）黄色针状体沉淀。随着 pH 值增大，在 pH 值为 4.29 时，$PtCl_4^{2-}$ 按式（3-56）进行水解，生成的 $Pt(OH)_2$ 为胶体沉淀，将其加热煮沸，则生成 $Pt(OH)_2 \cdot H_2O$ 的黄色沉淀。

$$PtCl_6^{2-}+4H_2O \Longrightarrow 4H^++6Cl^-+Pt(OH)_4 \downarrow \qquad (3-55)$$

$$PtCl_4^{2-}+2H_2O \Longrightarrow 2H^++4Cl^-+Pt(OH)_2 \downarrow \qquad (3-56)$$

在实际生产中，当 pH 值为 2~3 时，高价氯铂酸溶液出现浑浊，产生了极细的黄色悬浮颗粒，同时这些极细的黄色颗粒又很快消失。这是因为 $Pt(OH)_4$ 为棕色两性氢氧化物，与水能结合成 $Pt(OH)_4 \cdot 2H_2O$（或写作 $H_2Pt(OH)_6$）称为羟铂酸，羟铂酸为黄色针状体，不溶于冷水，易溶于稀酸或碱水，与碱作用后生成可溶性的 $NaPt(OH)_6$（或写作 $NaPtO_3 \cdot 3H_2O$）。所以在铂水解作业时，即使 pH 值控制到 8~9，+4 价铂氯络离子也不会生成 $Pt(OH)_4$ 沉淀，这一特性对铂氯络离子水解而与其他贵、贱金属分离创造了条件。

有研究指出，铂族金属络离子水解最适宜的 pH 值分别为：铑 1.5~6、铱 4~8、钌 6、钯与铑 6~8。所以，在铂与铑、铱水解分离工艺中，控制 pH 值为 8~9，这时铑、铱氯络离子很快水解生成氢氧化物沉淀，而 Pt^{4+} 不生成沉淀，从而实现了铂与铑、铱的分离。

由于 Pt^{2+} 的存在，当 pH 值为 4.3~6 时（甚至在 2.5~3.8 时），$PtCl_4^{2-}$ 也会水解沉淀，这不但降低了铂的直收率，同时铑、铱沉淀中也混入铂，使下一步提取铑、铱时增添了脱铂工艺，从而不利于提高铑、铱回收率。因此在水解前，应将铂族金属氯络离子氧化为高价状态。这不但促进了铑、铱及其他杂质的水解沉淀，同时也使 $PtCl_4^{2-} \rightarrow PtCl_6^{2-}$，进而防止 Pt^{2+} 水解进入沉淀。由于性质相似的水合物也能与碱液生成可溶性的 $Na_2Pd(OH)_6$，因此，料液中若含钯，应在铂水解前先提钯，微量的钯则应采用其他的工艺方法预先除去。

3.5.4.3 铂与铑、铱的作业过程

铂与铑、铱分离的过程一般包括以下步骤。

A 氧化

氧化的目的主要是使料液中贵金属氯络离子保持高价状态。氧化剂可考虑选用氯气（或饱和氯气的水溶液）、双氧水、纯氧（或空气）、溴酸钠及硝酸等。

用双氧水作氧化剂时，准确调整溶液 pH 值较为困难，且加入量难以控制。加入过量双氧水时，会增加氧化后煮沸料液赶尽双氨水的时间，而且料液氧化后长时间保持热状态对水解作业也是不利的。纯氧（或空气）作氧化剂虽可行，但氧化能力较弱，延长了氧化作业时间；而硝酸作氧化剂又可能使溶液生成王水，赶不尽硝酸根会使以后作业中的沉淀反溶，这不仅破坏了分离效果，还降低了贵金属的直收率。当前有氯气或溴酸钠作氧化剂获得了广泛应用。溴酸钠在加热时容易分解（见式（3-57）），并夺取盐酸介质中的氢而释放出新生态的 ［Cl］（见式（3-58））。生成新生态的 ［Cl］ 较氯气具有更大的氧化活性，在贵金属氯络酸或贵金属氯络酸钠盐、钾盐中，很容易将低价盐氧化生成高价盐，见式（3-59）~式（3-62）。

$$NaBrO_3 \xrightarrow{\triangle} NaBr + 3[O] \tag{3-57}$$

$$[O] + 2HCl \Longrightarrow H_2O + 2[Cl] \tag{3-58}$$

$$H_2PtCl_4(Na_2PtCl_4) + 2[Cl] \Longrightarrow H_2PtCl_6(Na_2PtCl_6) \tag{3-59}$$

$$H_2PdCl_4 + 2[Cl] \Longrightarrow H_2PdCl_6 \tag{3-60}$$

$$H_2RhCl_5 + [Cl] \Longrightarrow H_2RhCl_6 \tag{3-61}$$

$$H_2IrCl_5 + [Cl] \Longrightarrow H_2IrCl_6 \tag{3-62}$$

以溴酸钠为氧化剂的氧化作业要先将料液加热至沸，并控制料液中铂离子浓度在 50g/L 左右，然后缓慢加入质量分数为 20% 的氢氧化钠溶液，在人工搅拌条件下调整料液的 pH 值为 1，溴酸钠配制成 10% 的溶液，溴酸钠用量按料液含铂量的 9% 计算，分两次加入。在人工搅拌下溴酸钠溶液第一次加入量约为料液含铂量的 7%，然后用 10% 的氢氧化钠溶液调整料液 pH 值到 5，再第二次加入溴酸钠溶液的其余量，进行氧化。

B 水解

水解作业实际已于第二次加入溴酸钠溶液后，调整 pH 值为 5 时就开始了，第二次加入溴酸钠溶液余量后，再用浓度为 8% 的碳酸氢钠调整料液的 pH 值为 8~9，并保持 15min，以防止发生变化。当 pH 值稳定后，水解反应即已大部分完成：

$$Na_2RhCl_6 + 4H_2O \Longrightarrow 4HCl + 2NaCl + Rh(OH)_4 \downarrow \tag{3-63}$$

$$Na_2IrCl_6 + 4H_2O \Longrightarrow 4HCl + 2NaCl + Ir(OH)_4 \downarrow \tag{3-64}$$

$$Na_2PtCl_6 + 4H_2O \Longrightarrow 4HCl + 2NaCl + Pt(OH)_4\downarrow \tag{3-65}$$

但存在如下反应：

$$Pt(OH)_4 + 2H_2O \Longrightarrow Pt(OH)_4 \cdot 2H_2O(或 H_2Pt(OH)_6) \tag{3-66}$$

$$H_2Pt(OH)_6 + 2NaOH \Longrightarrow Na_2Pt(OH)_6 \tag{3-67}$$

同样，$Na_2PtO_3 \cdot 3H_2O+2H_2O$ 水解生成的 $Pd(OH)_4$ 沉淀也有类似的反应，生成可溶性的 $Na_2Pd(OH)_6$（羟钯酸钠）。

为了避免发生高价铂分解还原为氯亚铂络离子，要求过程氧化要彻底，并防止水解作业时间过长和长时间保持热状态。

在水解作业中，经常采用载体水解的工艺。所谓有载体水解，就是在氧化作业前的料液中，调整 pH 值为 1 后，加入浓度为 10% 的三氯化铁溶液，加入量按料液含铂量计算，每含 1000g 铂可加入 2~3g 固体三氯化铁。氧化作业时，三氯化铁不发生变化，但水解作业调整 pH 值为 8~9 时，三氯化铁则按式（3-68）进行水解。生成的 $Fe(OH)_3$ 为大体积的絮状沉淀，能吸附漂浮在溶液中的水解沉淀颗粒和各种难以沉淀的胶体颗粒，并与之一道共沉，使溶液澄清效果显著。而铁因为全部水解沉淀，故不会造成料液被铁离子污染。

$$FeCl_3 + 3H_2O \Longrightarrow Fe(OH)_3\downarrow + 3HCl \tag{3-68}$$

C　过滤与赶溴

在终点 pH 值为 8~9 时保持约 15min 后料液要快速冷却，急剧降至常温，这一方面能防止高价铂氯络离子分解还原成低价的铂亚氯络离子进入沉淀，另一方面也能避免部分生成的水解沉淀物重新溶解进入溶液。用外冷加内冷的联合工艺进行快速冷却，可获得较好的效果。料液冷至常温后，最好静置一晚，使料液自然沉降澄清，然后将清液仔细吸出过滤；沉淀滤出物要用 pH 值为 8~9 的洗液洗涤数次，尽可能将沉淀中含有的可溶性铂离子进入洗液。沉淀物中富集了铑、铱氢氧化物等贵金属，容易被盐酸溶解，溶解后送去分离提取铑、铱。

富集了铂的滤液和洗液合并，溶液送去赶溴，以消除溴化物或游离溴酸钠对提取铂的影响。赶溴作业时，先用盐酸将溶液酸化至 pH 值为 0.5，然后将溶液加热至沸，使溴化物分解生成气态的 HBr 或 Br_2 与溶液分离。溴蒸气具有较强的腐蚀作用，对人体及设备都不利，要求在具有负压的通风橱中进行作业。与加双氧水进行铂直接载体水解法相比，需要赶溴是溴酸钠水解法的缺点，但溴酸钠氧化水解法具有技术条件稳定、直收率高等优点，所以得到广泛的应用。

D　铂的提取

赶溴后的含铂溶液，通常直接进行铂的提取，产出粗铂再送去精炼提纯，以获得合格的商品铂。

从溶液中提取铂有多种方法，除用氯化铵沉淀—煅烧法提取铂，还有电积法、还原法等。用还原剂还原提取铂，是所有方法中最简单的一种。选用水合肼作还原剂时，还原反应见式（3-69），产物为黑色铂粉。由于水合肼还原能力强，铂的回收率可达 99% 以上，还原后液清澈无色，含铂可降至 0.0015g/L 以下。但水合肼还原容易带入杂质，产品铂粉品位常在99%以下，尚需进一步精制。水合肼还原作业时，为减少还原剂的消耗，料液pH值以控制在3~4为宜。

$$Na_2PtCl_6 + 4((NH_2)_2 \cdot H_2O) \Longrightarrow Pt\downarrow + 2NaCl + 4NH_4Cl + 2N_2 + 4H_2O \quad (3-69)$$

3.5.5　铑、铱分离

由于铑、铱的化学特性相近，使得铑、铱的彻底分离很困难。工业上已经实现用烷基氧化膦 R_3PO（简称 TAPO）萃取分离铑、铱，但萃取过程对料液要求较高，萃取前必须预先除去铑、铱富集液中微量的锇、钌、金、钯、铂和铜、镍、铁等。为此料液在萃取前需进行预处理。

3.5.5.1　铑、铱富集液的预处理

为了消除上述杂质对萃取作业产生的有害影响，并产出较纯净的铑、铱产品。可采取预处理措施。

A　离子交换除铜、铁、镍

由于 TAPO 不能萃取铜、镍、铁，因此它们将进入萃余液，使铑被杂质污染。预处理时选用 H⁺型-732 阳离子树脂进行离子交换除铜、镍、铁。H⁺型-732 阳离子树脂的母体为苯乙烯与二乙烯苯的共聚物（用 R 表示），其交换容量（以当量计）为 4~5mg/g，离子交换时，按下列反应交换铜、镍、铁：

$$2(R\text{-}SO_3^-H^+) + Cu^{2+} \Longrightarrow (R\text{-}SO_3)_2Cu \quad (3-70)$$

$$2(R\text{-}SO_3^-H^+) + Ni^{2+} \Longrightarrow (R\text{-}SO_3)_2Ni + 2H^+ \quad (3-71)$$

$$2(R\text{-}SO_3^-H^+) + Fe^{2+} \Longrightarrow (R\text{-}SO_3)_2Fe \quad (3-72)$$

交换时控制料液 pH 值为 1~1.5、交换速度为 2~3mL/min。当阳离子树脂交换容量接近饱和时，可用 4%~6% 的盐酸进行解吸，使树脂再生。

B　萃取除钯

选用 P204 作萃取剂，二甲苯作稀释剂，控制 P204 浓度为 0.25mol/L，调整料液盐酸含量为 2mol/L，进行二级萃取。钯进入有机相，蒸馏有机相可回收二甲苯，蒸馏残渣返回钯流程回收钯。铑和铱等则进入萃余液（水相）。

C　TAPO 萃取分离铂

铂与铑、铱的分离传统上都采用水解法，但当料液含铂少而铑、铱多时，水解法产出的铑、铱水解渣总是含有少量铂，不能进行较彻底地分离。

TAPO 能溶解铂离子，但不溶解低价的铑、铱，在 P204 萃取钯时，P204 为还原剂，已将铑、铱还原为+3 价，预处理中若选用 TAPO 作萃取剂，苯或磺化煤油作稀释剂对料液进行萃取时，则铂进入有机相，低价铑、铱残留于萃余液中，从而实现了微量铂与铑、铱的分离。这种分离效果较好，经一级萃取，铂的萃取率大于 99%。载铂有机相经氢氧化钠反萃，即可将铂从有机相中分离出来。

D　水解法除还原性杂质

在贵金属硫化物氯化造液时，生成一些还原性的 $S_2O_3^{2-}$、$S_2O_7^{2-}$，它们将严重妨碍 TAPO 对铱的萃取，为此用水解法将其从料液中除去。水解作业时控制 pH 值为 8，铑、铱水解进入沉淀，使还原性杂质与铑、铱实现分离。

3.5.5.2　TAPO 萃取分离铑、铱

铑、铱沉淀物经盐酸溶解后，即可用 TAPO 萃取分离铑、铱，其流程如图 3-12 所示。

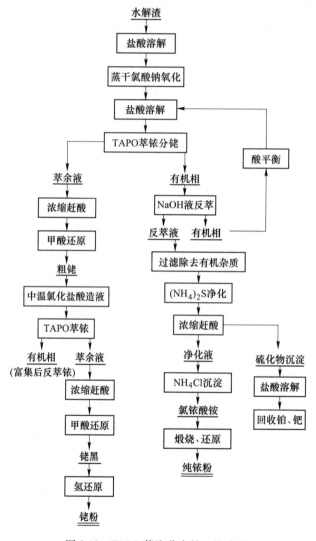

图 3-12　TAPO 萃取分离铑、铱流程

A　萃取剂

工业烷基氧化膦在室温下为油状黄色高黏度液体，须用稀释剂溶解，稀释剂可选用苯或磺化煤油。

由于苯黏度小且不会带入还原性杂质,因此效果好。但苯沸点低、易挥发、对人体有害,故常用磺化煤油代替苯作稀释剂,这时需加入仲辛醇 $CH_3(CH_2)_5CHOHCH$,以消除生成第三相的有害影响。萃取剂的配制(体积分数):TAPO 30%、磺化煤油50%、仲辛醇20%。仲辛醇有刺鼻臭味,并具有一定的还原能力,尤其能少量溶解于酸而进入水相,使萃取过程受到影响,故应限制仲辛醇的用量。

B 料液的准备

料液经预处理后,为提高 TAPO 对铱的萃取率,必须控制铱为高价态(+4 价),故料液还需氧化。

氧化料液可选用氧气或氯酸钠作氧化剂,氧化剂用量宜控制为 Ir:$NaClO_3$ = 1:3,按此要求萃取铱,经一级级萃取可使萃余液中铱浓度小于 0.002g/L,铱萃取率达99%以上。经研究,若料液采用中温氯化并采用通入氧气氧化的工艺,将能提高铱的萃取率。所谓中温氯化,是将料液烧干后,继续提温至 600~700℃用氯酸钠氧化,待物料降至常温并溶解造液后,再进行 TAPO 的料液萃取。

经氧化处理后的料液,还要调整浓度及酸度,料液中铱离子含量高,易影响溶液黏度,不利于萃取铱;若铑离子含量多时(大于 2g/L),TAPO 将增加对铑离子的溶解,这不但造成铑的分散损失,还会使铱中混入杂质铑,所以应控制料液铱、铑浓度均小于 2g/L 为好。若料液盐酸浓度低于 2mol/L,+4 价铱离子易生成水合物,将使铱萃取率明显下降,所以料液的盐酸浓度应控制在 3~5mol/L 的范围内,这时 TAPO 两级萃取,铱萃取率即可达99%以上。

C 萃取条件

(1)萃取温度:常温。

(2)相比:有机相体积与水相体积之比称为相比,萃取率与分配比具有如下关系:

$$E = \frac{DV_0}{DV_0 + V_A} \times 100\% = \frac{DV_0/V_A}{DV_0/V_A + 1} \times 100\%$$

$$= \frac{D}{D + \dfrac{V_A}{V_0}} \times 100\%$$

式中 E——萃取率,%,指萃入有机相中的金属离子量占两相中该金属离子总量的百分数;

D——分配比,指萃取平衡时,被萃金属离子浓度与水相该金属离子浓度之比的比值;

V_0——有机相的体积;

V_A——水相的体积。

在选定萃取剂后,通常视 D 为常数,这时 E 与相比(V_0/V_A)的倒数成反变函数关系。相比增大,V_A/V_0 减小,有利于提高萃取率 E。但相比增大,就意味着增大有机萃取剂的用量,在经济上是不划算的。为使萃取分离效果好,常选用相比 V_0/V_A = 1。若选用萃取容量大的萃取剂，将有利于减少萃取的用量。

（3）混相时间：5~10min。

（4）萃取级数：为使被萃金属离子最大限度地溶于有机相，萃余液往往需再次加入萃取剂进行两级以下萃取。用 TAPO 萃铱，影响铱萃取率的关键因素不是萃取级数，而是料液中铱存在的价态。

当溶液中铱以 $IrCl_6^{2-}$ 存在时，经两级萃取即可使铱萃取率达 99% 以上，若以 $IrCl_5^{2-}$ 存在，即使多级萃取，铱也不易萃取完全。

3.5.5.3 铱粉制备

从载铱有机相中提取铱，包括以下过程：

（1）从载铱有机相中反萃铱。常用氢氧化钠稀溶液作反萃剂，把铱从 TAPO 有机相中反萃出来。反萃后的有机相用水洗涤数次，因氢氧化钠改变了有机相的 pH 值，所以应调整酸度后再返回萃取使用。对于二、三级萃取的有机相，因含铱浓度小，可反复萃取使用数次，在铱离子浓度达一定值后，才进行反萃提铱。作业中反萃液容易溶解一定数量的有机物，有机物存在，会影响铱的净化与提取，所以应将反萃液通过一特别装置过滤，以除去萃液中的有机杂质。

（2）氯化铵沉铱。氯化铵沉铱前，料液控制为酸性，并于一定温度条件下使铱离子氧化为高价态的 $IrCl_6^{2-}$，然后急冷至常温，加氯化铵按下式反应生成氯铱酸铵沉淀：

$$H_2IrCl_6(Na_2IrCl_6) + 2NH_4Cl = (NH_4)_2IrCl_6\downarrow + 2HCl(2NaCl) \qquad (3-73)$$

料液中加含铂、钯等杂质，也容易生成铵盐与铱共沉，使铱质量下降。氯铱酸铵沉淀用常温稀氯化铵溶液洗涤数次，以防止沉淀中夹带杂质沉淀反溶，进而提高成品铱的质量和直收率。

（3）烘干煅烧氢还原。氯铱酸铵沉淀经缓慢烘干后，在电炉中于 600℃ 煅烧数小时，生成三氯化铱和氧化铱的黑色混合物。这时用惰性气体赶尽炉内空气，改通氢气进行还原，继续升温至 900℃ 还原 2h，然后降温，停止通氢气后也需改通惰性气体保护。产品为灰色海绵铱，品位可达 99%。

反萃液中钠离子有可能部分进入海绵铱，所以海绵铱要用水反复进行洗涤，除去其中可溶性的钠离子。此外，反萃液也可在氯化铵沉淀前进行一次铱的水解，控制 pH 值为 8，使铱生成氢氧化物沉淀，而与溶液中的钠离子分离，氢氧化铱水解沉淀物用盐酸溶解后，再用氯化铵沉淀法处理，产品就可避免钠离子污染。

3.5.5.4 铑的制备

该工艺的金属铑是从三级萃余液中提取的。从萃余液中提取铑包括以下过程：

（1）萃余液的浓缩。将萃余液加热浓缩至干即达到无水状态，然后用水溶解，经特殊装置过滤后，萃余液中的有机物杂质被除去，并调制产出铑离子浓度较萃余液高的溶液。

（2）甲酸还原。料液用氢氧化钠溶液中和，调 pH 值为弱碱性，溶液加温至 80℃，缓慢加入定量的甲酸还原剂，铑离子按以下反应生成金属铑：

$$2HCOOH + H_2RhCl_6 \rightleftharpoons Rh\downarrow + 2CO_2 + 6HCl \qquad (3-74)$$

$$3HCOOH + 2H_2RhCl_5 \rightleftharpoons 2Rh\downarrow + 3CO_2 + 10HCl \qquad (3-75)$$

加入甲酸还原铑时，反应激烈，并产出大量二氧化碳，容易冒槽，所以应在加保护套的容器中进行作业。随着甲酸的加入，产出盐酸使过程的 pH 值下降，这时要用 10% 的 NaOH 溶液将料液的 pH 值调整至 8，促使反应由左向右进行，直至铑离子完全被甲酸还原为止。还原作业时，料液中所含的铱和其他贵金属杂质也被甲酸一道还原进入产品铑中，因此称为粗铑。

（3）粗铑造液。为初步除去粗铑中部分杂质，需将粗铑先进行造液溶解，铑造液较其他铂族金属更难，这里仅介绍一种中温氯化盐酸溶解造液法。这种方法先将粗铑粉在电炉中加热至 600~700℃，与加入的氯化钠作用使铑氧化生成 Rh_2O_3、RhO_2，这时通入氯气发生式（3-76）和式（3-77）的反应，待氯化产物冷却后，用 5mol/L 盐酸溶解，生成氯铑酸溶液（见式（3-78））；盐酸不溶物需返回再次中温氯化，反复数次，直至大部分铑溶解为止。

$$Rh_2O_3 + 4Cl_2 \rightleftharpoons 2RhCl_4 + 1.5O_2\uparrow \qquad (3-76)$$

$$RhO_2 + 2Cl_2 \rightleftharpoons RhCl_4 + O_2\uparrow \qquad (3-77)$$

$$2HCl + RhCl_4 \rightleftharpoons H_2RhCl_6 \qquad (3-78)$$

（4）氯铑酸经二级 TAPO 萃取除铱。

（5）铑的提取。TAPO 的萃余液可再进行一次精制，若要求不高也可直接用来提铑，即先除有机杂质，再加甲酸，还原得铑黑；铑黑经高温氢还原，产出灰色成品铑粉，含铑品位可达 99%。或用氯化铵沉淀得氯铑酸铵后，烘干、焙烧和氢还原，产出海绵铑。

3.6　铂族金属的精炼

3.6.1　铂的精炼

常用的铂的精炼方法有直接载体水解法、氯铂酸铵反复沉淀法、电解精炼法等。

3.6.1.1　铂的载体水解法

铂精炼的原料为粗分后的贵金属氯络酸溶液或粗铂。铂精炼原料若是粗铂则首先要进行造液，贵金属溶解造液属于化学反应工程，一般情况下，加热提高过程的温度，适当进行搅拌，改善过程动力学条件等，均有利于贵金属溶解。铂造液常用的有王水造液、通氯气盐酸溶解造液、加双氧水盐酸溶解造液、电化学溶解造液等方法，可根据具体情况采用。

王水造液及溶液赶硝作业，常在减压装置中进行，其反应如下：

$$3Pt + 4HNO_3 + 18HCl \rightleftharpoons 3H_2PtCl_6 + 8H_2O + 4NO \qquad (3-79)$$

铂料经反复溶解后，贵金属和普通金属都以氯络酸或氯化物形态进入溶液中，只有银以氯化银形式沉淀。但也有部分的铂以氯铂酸亚硝基盐$(NO)_2PtCl_2$沉淀，但是经赶硝和将氯铂酸转变为的钠盐后它又复溶：

$$H_2PtCl_2 + 4NaCl \Longrightarrow 2Na_2PtCl_6 + 2HCl \tag{3-80}$$

$$(NO)_2PtCl_6 + 2NaCl \Longrightarrow Na_2PtCl_6 + 2NO + Cl_2 \tag{3-81}$$

溶液经过滤除去硝酸银及少量不溶物后首先送去除金，因为金利用水解法是不能除去的，需采用单独的除金工艺。现行的除金方法包括硫酸亚铁或二氯化铁还原沉金法、二氧化硫还原沉淀法，用醋酸乙酯$CH_3COOHC_2H_5$或乙醚$H_5C_2OC_2H_5$萃取除金法、pH值为4~6.5时用草酸或草酸钠还原除金、pH值为2时用亚硝酸钠除金，以及用离子交换法除金等方法。

用硫酸亚铁或二氯化铁还原除金可使产品铂中的含金量降至0.01%以下：

$$3FeCl_2 + AuCl_3 \Longrightarrow Au\downarrow + 3FeCl_3 \tag{3-82}$$

用萃取法或二氧化硫还原法除金，可使产品铂中的金降至0.004%以下，二氧化硫还原沉金的反应为：

$$2HAuCl_4 + 3SO_2 + 6H_2O \Longrightarrow 2Au\downarrow + 3H_2SO_4 + 8HCl \tag{3-83}$$

沉金后的溶液中加入双氧水，使被二氧化硫还原为+2价的铂再氧化成+4价的铂盐。

生产高纯铂的水解作业是指在水解的同时加入10%$FeCl_3$。当pH值调至8~9时，三氯化铁水解成絮状的氢氧化铁，它吸附漂浮在溶液中的水解沉淀颗粒和难以沉淀的胶体沉淀物一起共沉，提高了溶液的澄清效果。加入的铁因与杂质共沉，故不致污染料液。

生产高纯铂时，应采用优级纯试剂和无离子水，以免带进外界杂质使产品污染。水解作业常用七段载体水解法，1~2、3~4和5~6段的水解终点pH值分别为4~5、5~6和7~8。1~6段加三氯化铁，第7段不加，以防载体杂质污染高纯铂。通过分段载体7次水解后，可对料液进行中间分析，如果杂质含量总和小于10^{-5}时，则可送下步处理，产品品位可达99.999%的高纯铂。如果个别杂质仍大于10^{-6}，则应针对该杂质的特性，采用其他工艺方法进一步除去该杂质，再送下步处理。

在生产高纯铂时，用阳离子交换可将杂质除到小于10^{-6}。当料液pH值为1~1.5时，料液用阳离子树脂进行交换，因各种贵金属都以阴络离子存在，所以它们不与阳离子树脂作用而留在溶液中；铜、铅、锌、镍、钴、铁等呈阳离子状态的氯化物存在，故被阳离子交换树脂所吸附。

当过程pH值为2~3时，料液中金、银、铑能较完全地被阳离子树脂吸附，钯、铱也能被有效地吸附。这是因为在该pH值条件下，贵金属络阴离子转变为$Me_贵(OH)^{3+}$、$Me_贵(OH)^{2+}$及$Me_贵(OH)^+$等羟基络阳离子，羟基络阳离子能被阳离子树脂所吸附。但$PtCl_6^{2+}$并无上述转变，仅$PtCl_4^{2+}$能生成相应的$Pt(OH)^+$而被阳离子树脂吸附，所以料液事先应控制铂为高价态，以防止部分低价铂离子被阳离子树脂吸附而降低铂的直收率。

钯和铂的性质有些相似，钯在水解时生成可溶的羟钯酸钠$Na_2Pd(OH)_6$，所以水解除钯的效果并不太好。因此，当料液含钯大于0.1%~0.3%时，应先赶尽硝酸或于85℃的条件下滴加甲酸来破坏硝酸，然后在 pH 值为 2 和常温的条件下，搅拌并缓慢加入用 20% NaOH 溶解固体丁二酮肟并稀释成含丁二酮肟为 10% 的钯试剂沉钯至无亮黄色沉淀为止，其反应为：

$$2(C_4H_8O_2N_2) + Pd^{2+} \rule[0.5ex]{2em}{0.4pt} Pd(C_4H_7O_2N_2)_2 \downarrow + 2H^+ \tag{3-84}$$

经过上述处理过的含铂料液，加入氯化铵并静置 20~24h 之后，便可获得 $(NH_4)_2PtCl_6$ 的黄色沉淀，此沉淀物用 5%~15% NH_4Cl 的水溶液洗至洗液无色，干燥后进行煅烧，煅烧的总反应如下：

$$3(NH_4)_2PtCl_6 \xrightarrow{\triangle} 3Pt + 16HCl + 2NH_4Cl + 2N_2 \tag{3-85}$$

煅烧设备过去采用立式坩埚电炉，近来采用卧式管状电炉获得了更佳效果。煅烧产品为浅灰色的海绵铂，冷却出炉后用无离子水反复洗涤数次，以洗净可溶性钠盐，再经烘干后，即得高纯海绵铂。

3.6.1.2 氯铂酸铵反复沉淀法

氯铂酸铵反复沉淀法适于处理成分不很复杂的物料，如铂合金废料等。由于这种精炼工艺设备简单、操作容易、作业周期短，故在回收部门应用较广。该工艺不但可除去料液中的普通金属杂质，而且还能除去部分贵金属杂质。

在用氯化铵沉淀铂氯络离子时，铂最易反应，铑、铱次之，钯又更次之，而普通金属氯化物则不能沉淀。这样，氯铂酸铵反复沉淀法虽不能将各种铂族金属完全分开，但能使部分铑、铱和大部分钯与铂分离，尤其是当铂为高价（+4 价），铑、铱、钯为低价时，其分离效果更为良好。为此料液首先要通氯气或加双氧水氧化。

精炼时，氯铂酸铵的黄色沉淀加水浆化至浓度为 5%~8%，后用王水溶解或通二氧化硫使其还原溶解；溶液经过滤后通氯气使氯亚铂酸铵氧化再生成氯铂酸铵的黄色沉淀，其反应如下：

$$(NH_4)_2PtCl_6 + SO_2 + 2H_2O \rule[0.5ex]{2em}{0.4pt} (NH_4)_2PtCl_4 + H_2SO_4 + 2HCl \tag{3-86}$$

$$(NH_4)_2PtCl_4 + Cl_2 \rule[0.5ex]{2em}{0.4pt} (NH_4)_2PtCl_6 \downarrow \tag{3-87}$$

如此沉淀、还原、沉淀反复多次（如三次），最后产出的氯铂酸铵沉淀物经干燥和煅烧，即可得 99.99% 的海绵铂，其直收率约为 99%。

3.6.1.3 电解精炼法

用粗铂作阳极，用 200~300g/L HCl 和 50~100g/L H_2PtCl_6 溶液作电解液，在温度为 60℃、槽电压为 1~1.5V 和电流密度为 200~300A/m^2 下进行脉冲电流电解，可得 99.98% 的阴极铂。但是，由于金的标准还原电位大于铂，因此该法除金的效果不良。

3.6.2 钯的精炼

通常使用的钯精炼方法有氯钯酸铵反复沉淀法和二氯二氨络亚钯沉淀法等。与氯铂酸铵反复沉淀法相似，氯钯酸铵反复沉淀法是从钯中除去普通金属杂质的有效方法，但铂族金属较难除净。二氯二氨络亚钯沉淀法则能有效地除去各类贵金属杂质。精炼中可根据原料成分等情况选用适宜的方法。

3.6.2.1　氯钯酸铵反复沉淀法

钯精炼的原料，可以是经初步分离的氯亚钯酸、硝酸钯、硫酸钯等溶液，也可以是粗钯或钯合金废料，粗钯和钯合金废料在精炼前必须造液溶解。

目前钯造液的方法有硝酸法、王水法、氯化法和电化法等。硝酸法是利用钯能溶于硝酸中而其他贵金属不溶的特性，进行分离和综合提取。但需赶硝:

$$3Pd + 8HNO_3 = 3Pd(NO_3)_2 + 2NO\uparrow + 4H_2O \tag{3-88}$$

王水法对钯料中的银、铱等不溶，而能溶解钯，其反应为见式（3-89）。经煮沸后，H_2PdCl_6 自行转化为稳定的 H_2PdCl_4。王水造液也需赶硝。

$$4HNO_3 + 18HCl + 3Pd = 3H_2PdCl_6 + 8H_2O + 4NO \tag{3-89}$$

氯气、次氯酸、氯酸钠、双氧水等，尤其是当有配合剂氯离子存在时，也能有效地氧化钯，使钯以氯络离子形态溶解进入溶液。前述中的盐酸-氯、盐酸-双氧水、盐酸-氯酸钠溶解各种贵金属的方法都属于氯化法。若用控制电极电势进行选择氯化溶解，可取消赶硝作业。

电化法造液是将钯原料装在布袋中作阳极，阴极上套有阴离子隔膜，电解时，钯阳离子不能穿过阴离子隔膜便在电解液中不断积累，阴极中放出氢气。电解液宜用硝酸而不用盐酸，以防生成的氯化银沉淀使阳极溶解发生困难和金与钯一起溶解，污染含钯电解液。硝酸电解液需赶硝和氯化分离银。

近年来，某厂采用了电解溶解造液法，电解时可不用阴离子隔膜。由于阳极的电化溶解和阴极的电化析出形成了具有极大表面化学活性的新鲜表面，在稀硝酸电解液的作用下，发生如下溶解反应:

$$Pd + 2HNO_3 = Pd(NO_3)_2 + H_2\uparrow \tag{3-90}$$

在电解溶解造液实践中，控制的作业条件为:电解液温度为60℃、电流密度为200A/m²、槽电压为2V、产品电解液相对密度为1.5、生产能力为8kg/(槽·班)。

用上述各种造液方法获得的钯液使其含钯量约为100g/L后，在有氧化剂（氯气）和缓慢加温的情况下，在1L料液中加入200~250g固体氯化铵，便生成红色的氯钯酸铵沉淀:

$$H_2PdCl_4 + Cl_2 + 2NH_4Cl = (NH_4)_2PdCl_6\downarrow + 2NaCl \tag{3-91}$$

$$Na_2PdCl_4 + Cl_2 + 2NH_4Cl = (NH_4)_2PdCl_6\downarrow + 2NaCl \tag{3-92}$$

反应生成+4价钯的氯钯酸铵很不稳定，在长时间加热或还原剂作用下，它会分解或还原成氯亚钯酸铵的暗红色溶液。利用这一特性，反复用还原剂、氧化剂作用于该沉淀，以实现反复沉淀精炼，实现进一步除去其中杂质的目的。氯钯酸铵的红色沉淀以20%的氯化铵冷溶液充分洗涤、干燥后，经高温煅烧，氢还原的工艺产出海绵钯。

3.6.2.2 二氯二氨络亚钯沉淀法

二氯二氨络亚钯沉淀法的造液与上述氯钯酸铵反复沉淀法相同。若溶液有硝酸根，则应完全脱硝后才进行氨水配合，料液中的氯亚钯酸在氨水作用下产生如下反应：

$$2H_2PdCl_4 + 4NH_4OH = Pd(NH_3)_4 \cdot PdCl_4 \downarrow + 4HCl + 4H_2O \qquad (3-93)$$

$$2Na_2PdCl_4 + 4NH_4OH = Pd(NH_3)_4 \cdot PdCl_4 \downarrow + 4NaCl + 4H_2O \qquad (3-94)$$

这时，与水解作业相似，料液中多数杂质金属离子生成相应的氢氧化物或碱式盐沉淀。当继续加入氨水至 pH 值为 8~9 并加热至 80℃ 时，氯亚钯酸四氨络亚钯再与氨水反应，并反溶进入溶液，即淡色的二氯四氨络亚钯溶液：

$$Pd(NH_3)_4 \cdot PdCl_4 + 4NH_4OH = 2Pd(NH_3)_4Cl_2 + 4H_2O \qquad (3-95)$$

经过滤和洗涤后，配合渣积累到一定的数量后送去综合提取其中的有价金属。滤液与洗液合并，进行精炼。精炼是用盐酸酸化，使二氯四氨络亚钯转化为二氯二氨络亚钯的黄色沉淀，其他杂质仍留在溶液中，从而使它们与钯进一步分离：

$$Pd(NH_3)_4Cl_2 + 2HCl = Pd(NH_3)_2Cl_2 \downarrow + 2NH_4Cl \qquad (3-96)$$

通常氨水配合与酸化沉淀反复几次后便可将杂质除去到允许限度以下。

酸化作业时，氨配合液中钯浓度约为 80g/L。常温下搅拌加入 12mo/L 的浓盐酸、pH 值为 1~1.5，此时酸度必须保证，不然钯在酸化滤液中溶解增高。一般 1kg 钯约消耗 1.5L、12mo/L 的盐酸。

二氯二氨络亚钯沉淀物经烘干和在 600℃ 下煅烧使其分解并氧化：

$$3Pd(NH_3)_2Cl_2 \xrightarrow{\triangle} 3Pd + 2HCl + 4NH_4Cl + N_2 \qquad (3-97)$$

$$2Pd + O_2 = 2PdO \qquad (3-98)$$

所得氧化亚钯经热水洗净其中的氯离子后，在 500~600℃ 的温度下进行氢还原可得品位为 99.99% 以上的海绵钯。也可将二氯二氨络亚钯沉淀物浆化，然后用水合肼将其直接还原为钯粉。

3.6.3 铑的精炼

铑的精炼方法很多，均较复杂，如前述的 TAPO 萃取分离铑、铱的方法，反复萃取除铱也能达到铑精炼的目的。

现介绍亚硝酸配合—硫化除杂质—亚硫酸铵除铱—离子交换提纯铑的工艺，该法可制取 99.9%~99.99% 的海绵铑。

铑精炼前的造液比较复杂。首先将铑锭与 4~5 倍质量的锌熔成合金，然后用盐酸溶去其中的锌，不溶物即铑粉。将铑粉拌入熔融的（500~550℃）硫酸氢钠熔体中，恒温 2~3h，使铑变成可溶于水的硫酸铑。如此进行数次，直至铑全部以硫酸铑溶解为止。残渣用以提取铱、锇、钌。硫酸铑溶液用氢氧化钠中和得 Rh(OH)_3 沉淀，过滤并洗去其中的硫酸根，用盐酸溶解得氯铑酸：

$$Rh(OH)_3 + 5HCl = H_2RhCl_5 + 3H_2O \qquad (3-99)$$

$$Rh(OH)_4 + 6HCl \Longrightarrow H_2RhCl_6 + 4H_2O \tag{3-100}$$

与钯氯络离子用氨配合相似，铂族金属能与亚硝酸钠 $NaNO_2$ 配合，生成稳定的可溶性亚硝酸配合物，再调整控制此溶液的 pH 值，即可使普通金属水解沉淀，因此这是分离除去铑中普通金属杂质最有效的方法。

用于配合的料液中，铑浓度应控制在 50g/L 左右，在 $80\sim90℃$ 和 pH 值为 1.5 的情况下，按 1kg 铑拌入 6.3kg 亚硝酸钠使铑氯络离子配合：

$$H_2RhCl_5 + 5NaNO_2 \Longrightarrow Na_2Rh(NO_2)_5 + 3NaCl + 2HCl \tag{3-101}$$

$$Na_2RhCl_5 + 5NaNO_2 \Longrightarrow Na_2Rh(NO_2)_5 + 5NaCl \tag{3-102}$$

配合结束后用碳酸钠碱液调整 pH 值为 $7\sim8$，煮沸 $30\sim60min$ 使料液中的普通金属杂质呈氢氧化物沉淀而与铑分离。分离出来的含铑溶液用硫化氢或硫化钠硫化，选择沉淀其中的杂质。

根据金属硫化物溶度积及水解平衡时硫和氢氧根离子的平衡浓度，可以估计出硫化沉淀所能除去杂质的种类和极限量。例如室温硫化时，形成硫化物能力的大小顺序为：普通金属＞金＞钯＞铜＞铂＞铑＞铱；但在 80℃ 以上对溶液硫化时，铂、铱比铑易硫化，而普通金属反而较难硫化沉淀。所以，料液中含普通金属杂质多时，宜用低温硫化沉淀，含贵金属杂质多时则须采用高温硫化沉淀。为使料液中生成的细粒悬浮硫化物沉淀下来，可用加入三氯化铁的载体沉淀法，作业需反复数次，才能有效除去铱以外的其余杂质。

硫化沉淀后的铑液含有铱时，则需加亚硫酸铵使铑沉淀（见式（3-103）），此沉淀物易溶于煮沸和过饱和的 $(NH_4)_2SO_3$ 中，也易溶于浓盐酸中，按式（3-104）反应生成针状樱桃红色的可溶性氯铑酸铵：

$$Na_2RhCl_5 + 3(NH_4)_2SO_3 \Longrightarrow (NH_4)_3Rh(SO_3)_3\downarrow + 3NH_4Cl + 2NaCl \tag{3-103}$$

$$(NH_4)_3Rh(SO_3)_3 + 6HCl \Longrightarrow (NH_4)_3RhCl_6 + 3SO_2 + 3H_2O \tag{3-104}$$

精制作业前，控制料液含铑 50g/L，为减少 $(NH_4)_2SO_3$ 的消耗，调整料液 pH 值为 $1\sim1.5$，1L 上述料液加入 25% 的亚硫酸铵溶液 0.75L 煮沸料液，数分钟后产生白色 $(NH_4)_2Rh(SO_3)_3$ 沉淀，并要求控制反应终点 pH 值为 6.4 左右，否则，过高或过低的 pH 值都会使沉淀部分重溶，减少铑的沉淀率。采用过滤、洗涤沉淀，再用浓盐酸溶解沉淀的方法，1g 铑约需 12mol/L 的盐酸 5mL。溶解产出的滤液反复用亚硫酸铵沉淀数次，可将铱除到要求的程度以下。

用亚硫酸铵法沉淀精制铑，对分离除去钯、金也有较好的效果。研究表明，一次沉淀精制铑，可使料液中含铱从 2×10^{-4} 除至 10^{-6} 以下，且一次沉淀精制的铑直收率达 95%。

若硫化沉淀后的铑不含铱，则可将料液冷却至 18℃ 以下，用醋酸酸化至微酸性，加入氯化铵以产出六亚硝基络铑酸钠铵白色沉淀，该沉淀用 5% 的氯化铵溶液洗涤，并迅速过滤，以减少铑盐在滤液中的溶解损失。

$$Na_3Rh(NO_2)_6 + 2NH_4Cl \Longrightarrow (NH_4)_2NaRh(NO_2)_6\downarrow + 2NaCl \tag{3-105}$$

用氯化铵沉淀后，有时需用阳离子树脂进行交换，铑盐的沉淀先用 6mol/L 盐酸溶解，控制 pH 值为 $1.5\sim2$，通过阳离子交换，以进一步除去料液中的普通金属和银等杂质，然后用甲酸或水合肼还原，生成金属铑黑：

$$3HCOOH + 2Na_3Rh(NO_2)_6 === 2Rh + 6HNO_2 + 3CO_2 + 6NaNO_2 \qquad (3-106)$$

用水洗去铑黑中的氯离子，烘干后用氢还原得铑粉，或将 $(NH_4)_2NaRh(NO_2)_6$ 煅烧再用氢还原得铑粉。洗去铑粉中的钠离子，烘干便得成品铑。

3.6.4 铱的精炼

铱的进一步精制，常采用氯铱酸铵反复沉淀精制法，并辅以硫化除杂质的工艺。

3.6.4.1 铱的造液

用铱粉：苛性钠：过氧化钠 = 1：1：3 的配料，在 600~700℃ 下熔化并搅拌 60~90min。熔融产物倒在铁板上或坩埚中碎化冷却，用冷水冷却出锇、钌，铱则以氧化物或钠盐留在残渣中，残渣用次氯酸钠处理可将残渣中的钌全部溶解，再获得的残渣用盐酸加热溶解铱。不溶物用碱溶或盐酸溶，直至铱全部进入溶液为止。若铱中含铑，则应在造液前除铑。

3.6.4.2 氯铱酸铵沉淀

获得的含铱盐酸溶液用氯气或硝酸氧化，使铱转变为 Ir^{4+}。再加入氯化铵得氯铱酸铵（$(NH_4)_2IrCl_6$）沉淀。纯净的氯铱酸铵为黑色结晶，若含有铂、钌、铑等杂质则黑色沉淀略显褐色或带红色。按上述过程反复沉淀，可除去大部分杂质，但铂、钌不易除去。纯黑色氯铱酸铵沉淀经冷却、澄清、过滤，然后用含氯化铵为 15% 的溶液洗涤后送去还原。

3.6.4.3 氯铱酸铵的还原

为除去氯铱酸铵中的杂质，要用还原剂将 +4 价铱还原为 +3 价铱，使铱呈 $(NH_4)_2IrCl_5$ 溶于溶液中。还原剂可用二氧化硫、氢氧化铵、葡萄糖、硫化铁等，但用水合肼还原的效果更好。用水合肼还原时，先将氯铱酸铵沉淀物浆化至含 50g/L 的浆液，在 pH 值为 1~5、温度为 80℃ 的条件下，按每 1g 铱加入水合肼 1mL 的量加入。不断地搅拌并保持一段时间，待铱全部还原成 +3 价铱盐后，冷却过滤。

3.6.4.4 硫化铵除杂质

用含有 $(NH_4)_2S$ 为 16% 的溶液作硫化剂，1g 铱加入 0.3~0.4mL，进行硫化除杂质。含普通金属杂质多的料液，宜于室温下硫化；含贵金属杂质多的宜于 80℃ 时硫化。这时杂质生成硫化物沉淀，过滤沉淀后，硫化物应送去综合回收其中的有价金属，滤液是被提纯了的 +3 价铱盐。

3.6.4.5 氯铱酸铵再沉淀及煅烧、氧化还原

氯铱酸铵再沉淀是先加双氧水破坏过剩的水合肼在 80℃ 下恒温 3h。此时，+3 价铱又

全部氧化成+4价铱，生成氯铱酸铵沉淀。如此反复还原、硫化、氧化处理，即可除去料液中的大部分杂质，得到纯净的氯铱酸铵沉淀。

经精制的黑色氯铱酸铵沉淀物用王水和10%NH$_4$Cl的溶液洗涤，烘干后移入管状电炉中加热，先在200℃、500℃、600℃各恒温2h，煅烧生成三氯化铱和氧化铱的黑色混合物。600℃时先通入二氧化碳赶尽空气，再改通氢气，升温至900℃还原2h，然后降温，降至500℃以下改通二氧化碳，待温度降至150℃以下后出炉，得灰色海绵铱，用稀王水煮洗30min，再用纯水洗涤至中性，可得品位为99.9%～99.99%的海绵铱产品。

3.6.5　钌的精炼

钌的氧化物为挥发性物质，因此，它的提纯在铂族金属中是比较容易的。提纯原理一般先用碱性氧化剂处理，以分解钌和锇，再向吸收有此类化合物的溶液中通入氯气使其饱和，在沸点附近进行蒸馏。

当原料为氯钌酸铵(NH$_4$)$_2$RuCl$_5$时，在蒸馏时所游离的氨有和氯气反应生成爆炸性的氯化氮的危险，因此必须先用王水使其完全分解，此点很重要。

粗钌用和其等量的过氧化钠及3倍量的苛性钠在600～700℃的适当坩埚内熔融，冷却后用水浸出，残渣再反复用碱熔融或用次氯酸钠处理，将钌完全浸出。若有锇共存时，它和钌同样能被浸出，因此先缓慢加浓硝酸使其中和，再过量加其体积的5%～10%使成为硝酸酸性，加热蒸馏，以分馏锇。然后冷却溶液，若苛性钠过量，加入氯气加热到80～90℃，以蒸馏四氧化钌。有可能时最好导入少量氯气，完全将钌蒸出，钌的接收器中盛有水：盐酸：乙醇＝4：1：1所配成的稀盐酸溶液，串联3个，但第一个接收器中不加乙醇。接收器的温度以25～35℃为宜。蒸馏停止时，提高烧瓶的温度，使其沸腾，再加入苛性钠，边通氯气边蒸馏。蒸馏完毕后，中和残液加入乙醇并煮沸，使残留的钌及混入的锇沉淀。

合并接收器的溶液，缓慢加热蒸干，驱逐过量的盐酸之后再加硝酸，反复蒸干，将锇完全除去。在干涸盐中再加入盐酸进行蒸干，以水溶解，使其为碱性溶液，再进行蒸馏提纯。加热浓缩所得到的纯溶液并加入氯化铵溶液时，便生成橙黄色的(NH$_4$)$_2$·RuCl$_5$沉淀。该沉淀用氯化铵的冷饱和溶液洗涤、干燥，在200℃的温度下通氢气还原，再以温纯水充分洗涤后干燥得高纯海绵钌。

3.6.6　锇的精炼

粗锇用碱氧化剂熔融后以水浸出时，几乎完全能成为锇酸钠被浸出，而其他铂族金属及锡、锌、铅等也稍能溶解。

由碱性锇盐溶液中回收锇，最有效的方法为溶液电解，在阴极使二氧化锇析出，或以硫酸中和使二氧化锇沉淀，二氧化锇再以氢气还原为金属锇。

为了得到高纯度锇，将锇粉装在瓷舟中，在石英管或硬质玻璃管中用电炉加热。使燃烧管的近中央部向下弯曲45°角，将其一端浅浅地浸在相对密度为1.12的盐酸锥形瓶中，接收器用冰冷却。电炉的温度提高到 220~230℃，并通入氧气，这时，炉内剧烈反应，锇逐渐变为白热状态，此时要维持一定的氧压。舟中的锇成为黑色粉末，待反应平静下来以后，缓慢升高炉温，进一步氧化内溶物，使成为四氧化锇而挥发，捕集于接收器中。将接收器中的内溶物迅速地移入以磨口玻璃连接的带回流冷凝器的烧瓶中，加盐酸和少量乙醇，缓慢加热，慢慢煮沸，四氧化锇便逐渐还原为+4 价的氯化物。该反应的终点可根据冷凝在烧瓶壁上的四氧化锇液滴消失来判断。

为了捕集挥发的四氧化锇，可在回流冷凝器的出口装一盛含苛性钠及乙醇的溶液接收器。

盐酸的用量为生成氯锇酸(H_2OsCl_6)所必需的计算量的 2 倍。为了除去氯锇酸中的过量盐酸，将溶液移入蒸发皿中加热浓缩。向此浓缩液中加入氯化铵饱和溶液，使形成氯锇酸铵((NH_4)$_2OsCl_6$)沉淀。沉淀洗涤后，干燥，然后在 600~700℃下通氢气还原得高纯海绵锇。为了防止海绵锇氧化，应在氮气中冷却。

复习思考题

3-1　简述热滤渣脱硫的实质。

3-2　简述蒸馏分离锇、钌的原理及过程。

3-3　简述铂与铑、铱分离的原理及过程。

3-4　简述铑、铱分离的原理及过程。

3-5　简述铂的精炼原理及过程。

3-6　简述钯的精炼原理及过程。

3-7　简述铑的精炼原理及过程。

3-8　简述铱的精炼原理及过程。

3-9　简述钌的精炼原理及过程。

3-10　简述锇的精炼原理及过程。

下篇 贵金属二次资源提取技术

4 贵金属二次资源的来源

4.1 金、银二次资源的来源

4.1.1 废金、银浆料

自 1948 年世界上第一个晶体管发明以来，电子技术进入了一个崭新的阶段，即微电子技术阶段。微电子技术包括微小型元器件的制造及其封装技术、功能器件的制造及集成电路。集成电路可分为半导体集成电路、膜集成电路及混合集成电路。整个微电子技术中最基本的重要材料之一就是电子工业用浆料或称之为厚膜浆料。浆料大致可分为导体浆料、电阻浆料、介电浆料、电极浆料等。

贵金属厚膜导体浆料主要用作混合集成电路的导电带、外粘元器件的焊接引线连接、厚膜电阻端头的引线连接、多层布线的跨接导体连接及较低阻值的厚膜电阻。由于贵金属厚膜浆料具有高的稳定性和可靠性，因此绝大多数导体浆料都用贵金属制得可分为银导体浆料和金导体浆料。此外也有少量的非贵金属导体浆料在生产实践中得到应用。导体浆料分为银系导体浆料、金系导体浆料和三元贵金属导体浆料，其中银导体浆料分为银浆料、银钯浆料、银铂浆料；金导体浆料分为金浆料、金铂浆料、金钯浆料。

电阻浆料主要由导电相、高温黏结相（玻璃）、有机载体（有机黏结剂）及某些添加剂所组成，分为银钯电阻浆料和钌系电阻浆料。

介电浆料是电子工业用浆料不可缺少的一部分，大致分为包装介电浆料、跨接多层介电浆料和电容器用介电浆料。

电极浆料是由活性物质、导电剂、黏结剂等固体颗粒分散在溶剂中形成的一种特殊流体。流体通常分为牛顿流体和非牛顿流体。电极浆料就是一种非牛顿流体，有正极浆料和负极浆料两种，分油性、水性两种体系。搅拌完成的浆料需要具有良好的流动性、稳定性及均匀性。

作为清洁能源，太阳能光伏发电系统得到了大力发展。银粉因具有良好的导电性在光伏银浆中大量使用，因此光伏行业是浆料最大的应用领域。光伏产业的快速发展及光伏电站的大量建设，使得光伏银浆的需求迅速扩大，银粉的用量急剧增加。中国是世界上最大的光伏电池生产国和应用市场。有研究表明，光伏组件的理论寿命为 25~30 年，但室外环境会加速光伏内组件的老化，导致光伏组件实际使用寿命大大减少。光伏组件的首次报废高峰期已于 2012 年开始，废旧太阳能电池板的数量也在逐年加。铝和银的回收是晶硅电池回收利用的重要部分，根据相关报道，预计到 2030 年，我国废弃晶硅电池中将蕴藏有 26 万吨铝和 550t 银，具有很大的经济效益。

4.1.2　废石化银催化剂

目前，生产环氧乙烷较先进的方法是在银催化剂的作用下，在列管式固定床反应器中，采用纯氧与乙烯反应，使乙烯直接氧化生成环氧乙烷。银催化剂的载体变为 $\alpha\text{-Al}_2\text{O}_3$，乙烯环氧化反应时银催化剂上的银呈弥散形分布在载体上，颗粒尺寸小于 500nm。石化银催化剂形状有颗粒球状、蜂窝状、空心柱状 3 种。

目前，我国环氧乙烷催化剂的装填量约为 2400t，其载体多为 α-氧化铝或富铝红柱石，载银量为 9%~15%。甲醇氧化制甲醛和间二甲苯氨氧化制间二甲苯腈时，通常采用电解银或浮石银催化剂，浮石银催化剂是通过硝酸银浸泡浮石后高温焙烧而成，其载体为氧化硅和氧化铝，活性组分银含量为 38%~42%。含银催化剂一般使用 2~3 年后，其催化活性逐渐降低或失去，必须报废更换。我国每年更换的含银废催化剂为 800~1000t，大部分含银废催化剂的银含量为 10%~20%，少数为 40% 左右，因此，含银废催化剂是非常重要的二次资源。

4.1.3　废感光胶片

银因具有良好的电学、光学和磁学性质，在感光材料、装饰材料、接触材料、复合材料、银合金焊料、银浆、能源工业用银、催化剂、医药应用、银系列抗菌材料上得到广泛应用。

自从 19 世纪照相技术发明以来，感光材料广泛地应用于工业和人类生活。感光材料要由银的卤化物和片基组成。感光胶片的片基是用三醋酸纤维或硝基纤维素制成的透明胶片，将银的卤化物（主要是溴化银）按一定比例与明胶等混合后涂于其上便成为感光胶片。

卤化银感光材料是用银量最大的领域之一，我国感光材料工业的耗银量占总耗银量的 1/4，并且比重不断上升。感光胶片种类很多，包括照相用黑白底片、彩色胶片、彩色反转片、电影黑白胶片及彩色胶片、X 光片、复制片、航空照相胶片；相纸有黑白彩纸、彩色相纸。各种胶片及相纸的含银量是不相同的，其中胶卷中卤化银的用量占 25%。

4.1.4　废旧电子元器件

废旧电子元器件中白银的回收包括两部分：一是电子元器件生产厂家产生的废器件和原料，如电位器、蜂鸣器、滤波器和各类银浆，这类废料相对而言较为集中；二是各类废旧电器中的含银器件，这类废料分散于众多用户手中，而且回收费用高，绝大部分没有回收其中的白银。

4.1.5 废金/银合金

金/银合金广泛应用在导电体、滑动触头、弹簧、焊料、钎料等，主要合金有 Ag-3Cu、Ag-4Cu、Ag-5Cu、Ag-6Cu、Ag-7.5Cu、Ag-8.4Cu、Ag-10Cu、Ag-125Cu、Ag-20Cu、Ag-23Cu、Ag-25Cu、Ag-28Cu、Ag-50Cu、Ag-28Cu-1P、Ag-25Cu-50P、Ag-37Cu-48P、Ag-26Cu-4Zn、Ag-53Cu-37Zn、Ag-40Cu-35Zn、Ag-27Cu-5Sn、Ag-40Ni、Ag-2.5Ni-52.5W、Ag-15CdO、Au-2Cu、Au-8.4Cu、Au-10Cu、Au-0.5Ag-0.5Cu、Au-4Ag-6Cu、Au-15Ag-10Cu、Au-5Ni 等。这些金/银合金器件在使用一定时间后，其表面会逐渐被氧化或失效，导电性能下降，这时需要更换新，必须对其进行有效的回收。

4.1.6 其他金、银二次资源

废旧金、银首饰也是回收的主要资源，存在分散、难收集等问题。

4.2 铂族金属二次资源的来源

4.2.1 废汽车尾气催化剂

自 1975 年开始，催化转化器就被安装到汽车排气系统中，目前几乎所有的新汽油车和柴油车都安装有此装置，以控制汽车尾气污染。催化剂转化器是目前最重要的汽车尾气污染控制装置，其由壳体、垫层、催化剂及其他附件组成，催化剂是其核心。催化剂的活性组分依然主要采用铂族金属 PGM(Pt、Pd 和 Rh)，虽然其用量已经较以往大大减少，但还是不能缺少的。

汽车尾气催化剂包括陶瓷基载体（见图 4-1）和金属基载体（见图 4-2），其中蜂窝催化剂载体成分多为堇青石类型，其膨胀系数小、强度大但比表面较小，因而不能直接加载贵金属，必须在载体表面涂敷一层 γ-氧化铝活性涂层，然后再加载贵金属，可得到活性高、分散度好的催化剂。目前用于汽车催化剂的贵金属有铂、钯、铂-钯、铂-铑、铂-钯-铑等 5 种。铂、钯、铑含量为 1000~3000g/t。世界上 50% 以上的铂族金属用于汽车尾气净化催化剂的生产，在使用一段时间后，催化活性降低，成为废汽车催化剂，为铂族金属二次资源回收的主要来源，被称为"移动的铂族金属矿山"。

4.2.2 废石化催化剂

4.2.2.1 废氧化铝负载钯催化剂

贵金属催化剂广泛用于石油炼制及化工过程，贵金属含量一般为万分之几至百分之几。石油化学工业使用的含钯催化剂载体多为氧化铝。钯系催化剂广泛用于化学工业，特

图 4-1　废汽车尾气催化剂陶瓷基载体

图 4-2　废汽车尾气催化剂金属基载体

别是石油化学工业的加氢、氢解、氧化等过程，以钯-氧化铝系催化剂用量较大。负载型钯催化剂具有利用率高、选择性好、活性好等优点，是加氢反应中最常用的催化剂，活性组分钯的尺寸和分散度的调控对催化活性起着重要作用。在使用过程中由于催化剂表面不断吸附有机炭，以及金属烧损、活性组分流失等许多原因使其催化性能越来越低以致无法使用。图 4-3 为废氧化铝负载钯催化剂。

图 4-3　废氧化铝负载钯催化剂

4.2.2.2　废氧化铝负载铂催化剂

铂族金属催化剂用途包括石油、化工、环保等领域。目前工业使用的载体催化剂，大量的是以三氧化二铝作为载体的铂金属催化剂，以氧化铝为载体的铂催化剂是重整反应、异构化反应、脱氢反应、加氢裂化及汽车尾气净化的优良催化剂。使用一个阶段后因中毒或载体结构发生变化、金属晶粒发生聚集、流失等原因而失去活性，成为废氧化铝负载铂催化剂（见图4-4）。尽管铂含量很低，一般只有千分之几，甚至万分之几，但废催化剂已成为铂族金属重要的二次资源。

图 4-4　废氧化铝负载铂催化剂

4.2.2.3　废氧化铝负载钌催化剂

钌是一种极其昂贵的稀有贵金属，中国产量极少，用于生产催化剂的钌绝大多数依靠进口，价格昂贵，使得钌催化剂的成本很高。因此，钌催化剂中钌的高效回收利用就成了相关化工产业降低成本、提高经济效益的关键。以三氧化二铝作为载体负载单质钌、钌的各种化合物及过渡金属掺杂的钌催化剂有着广阔的应用前景。

4.2.3　废精细化工催化剂

废精细化工催化剂包括废钯催化剂、废铑催化剂和废铂催化剂。

4.2.3.1　废钯催化剂

负载型钯催化剂是石油化工、精细化工、制药等领域的加氢反应常用的催化剂。该类催化剂所用的载体有碳材料、金属氧化物和沸石等，其中由于活性炭具有高比表面积和高吸附性能，具有加氢还原性高、选择性好、性能稳定等特点，以活性炭为载体的钯炭催化剂是催化加氢最常用的催化剂之一，在许多加氢还原精制过程中发挥了重要作用，在化工生产中有着广泛的用途。Pd/C催化剂的制备方法有多种，一般采用浸渍法使活性组分钯均匀负载在活性炭上而制成。钯炭催化剂失活的主要原因有：（1）一些含硫化合物诸如甲基硫、吡啶、噻吩、硫醇、砷、一氧化碳等有毒物质使催化剂中毒；（2）钯表面被有机物所覆盖，过热和老化使钯晶粒长大；（3）工艺设备、水、管道腐蚀带入的铜、镍、铁、钴、银、锡等致害物质的污染等。图4-5为废钯炭催化剂。

图4-5   废钯炭催化剂

4.2.3.2   废铑催化剂

金属铑作为催化剂被发现得相对较晚，但其发展的速度快，化工生产是铑催化剂最常用的地方。铑受大家欢迎是因为它具有高活性，反应过程中不需要高难的条件，而且具有较高的选择性。含铑催化剂在催化加氢、甲醇羟基化制乙酸、烯烃的氢甲酰化反应中都有广泛的应用。如羟基合成铑催化剂使用，铑催化剂在工艺反应过程中中毒和受到抑制，导致铑的形式改变，单体的铑被转变为较不活跃的铑团簇，使催化剂溶液的活性下降。

4.2.3.3   废铂催化剂

铂金属催化剂作为一类应用范围广泛、用量大的重金属催化剂，一直受到国内外研究者的广泛关注，主要用于催化硅氢加成、加氢、氧化等重要的化学反应中，具有较高的工业应用价值。其中质子交换膜燃料电池（PEMFC）普遍使用的催化剂为炭载铂（Pt/C）催化剂，是最近研究的热点之一。近年来的相关研究就是在原有铂基催化剂的基础上制备各种高活性、高稳定性的低载铂催化剂，通过改进铂基催化剂的结构，进一步提高铂的利用率，在降低铂负载量的同时，提高阴极反应速率。

4.2.4   废铂族金属合金

4.2.4.1   玻璃纤维

目前，我国玻璃纤维总产量居世界首位，玻璃纤维生产中使用的拉丝漏板、坩埚、池窑鼓泡器及热电偶等部件必须使用铂族金属铂、铑。玻璃纤维工业中用弥散强化铂及弥散强化 Pt-Rh 作坩埚漏板材料，高温生产过程中铂和铑通过挥发沉积或扩散作用进入周围的耐火砖或废玻璃渣中，铂和铑金属含量一般为 0.2~1.2kg/t，远高于精矿品位，其堆存量逐年递增，铂和铑蕴藏量相当可观。从废耐火砖中回收铂和铑，目前有选矿法、火法工艺、湿法工艺等。

4.2.4.2 涂钌废阳极

电极在电解工业中起着非常重要的作用，电解过程中的一切电化学反应都是在电极表面与电解液之间的界面上进行的。电解工业要求电极材料具有较好的电催化活性、尺寸稳定性及较长的使用寿命。钛涂钌电极具有寿命长、催化活性高、耐腐蚀性能强、排流量大等优点，在氯碱工业中已经得到了广泛应用。

4.2.4.3 涂铱废阳极

尺寸稳定阳极（DSA）是电化学领域最伟大的技术突破之一，常作为酸性介质中析氧电催化材料，应用于电镀、电解冶金、有机物分解、电合成和阴极保护等工业领域。在过去的几十年中，由于具有高析氧活性和更好的阳极腐蚀稳定性，IrO_2 逐渐取代 RuO_2 作为 DSA 氧化物涂层的活性组分。而与惰性组元 TiO_2、SnO_2、Ta_2O_5、SiO_2 的组合，更发挥了其经久耐用的特点。

钛基铱涂层电极又称 DSA 电极，是一类典型的析氧电极，其尺寸稳定、密度小、制备便利，与传统电极（如石墨电极和铅电极）相比具有较佳的析氧电催化活性和稳定性，引起广泛的研究兴趣，近年来已被应用于电镀、电冶金、有机合成等领域，特别是在电解铜箔行业，使用量越来越大。

4.2.5 其他铂族金属二次资源

高温合金于 20 世纪 40 年代问世，最初主要是为满足喷气发动机对材料的苛刻要求而研制的。高温合金是制造航空航天发动机热端部件的关键材料，主要由 Ni、Cr、Co、Mo、Al、Ti、Ta、Nb、W、Re、Ru、Zr、Hf、Pt 和 Ir 等金属元素组成，同时也是大型动力设备，如工业燃气轮机、高温气冷核反应堆等装置的核心材料。目前，先进的航空发动机中，高温合金用量所占比例高达 50%。镍基超级合金是出色的高温材料，也是目前航空发动机和工业燃气轮机涡轮叶片等热端部件的主要用材，在先进的飞机发动机中这种合金的质量占 50% 以上。但是镍基合金的熔点只有 1373K，因而出现了研究其他合金体系的要求。铂族金属（PGM）金属间化合物成为下一代高温合金的候选者，它们的熔点可达到 2273K 左右，如铱基合金制成的结构材料可以在高于 2000℃ 时使用，军工喷射发动机中使用 RuAl 合金材料；此外，这些合金比一些难熔金属（如 Nb、Mo、Ta、W 等）的抗氧化能力和抗腐蚀能力更佳，如空间站电阻加热式推进器热元件使用的 $Pt-Y_2O_3$ 和 $Pt-ZrO$ 两种弥散强化铂材料。

4.3　贵金属二次资源提取的意义

由于贵金属具有独特的物理性质和化学性质，广泛应用于航空航天、电子电器、通信、计算机、照相器材、汽车、石油化工等现代科技和工业领域中，有着重要和不可替代的作用，且消耗量越来越大。贵金属资源稀少、价格比较昂贵，贵金属产品生产和使用后的废料所含贵金属的含量较高、价值高，因此也被称为贵金属二次资源。

我国金、银资源虽较丰富，但铂族金属极其匮乏，贵金属资源人均占有量低于世界人均占有量，特别是从原生矿生产铂族金属的量远远不能满足工业生产需求，主要依靠进口和二次资源回收。目前，我国已成为贵金属需求大国，供需矛盾十分突出。随着社会经济的快速发展，贵金属的使用量逐年大幅度增加，含贵金属的废料量也随之快速增加，每年产出大量的贵金属二次资源。二次资源与一次资源相比，其贵金属含量均较高、组成相对单一、处理工艺比较简单、加工成本较低，且产生的"三废"排放量远远少于原矿开采提取过程。因此，世界各主要工业发达国家都比较重视贵金属二次资源的综合回收利用。所以，无论从资源持续性还是从环保的角度，贵金属二次资源的回收利用都有重要的意义。

复习思考题

4-1　简述金、银二次资源有哪些。

4-2　简述铂族金属二次资源有哪些。

4-3　简述贵金属二次资源提取的意义是什么。

5 金银二次资源提取技术

5.1 废银浆料提取技术

银浆主要用于太阳能电池片，一方面，太阳能电池的寿命周期一般为 25 年，当转化效率降低到一定程度时，电池失效，需要报废更新。一般情况下，太阳能被视为一种废物产生量最小的能源，在组件的使用过程中不会产生对环境有害的废物，但太阳能电池报废后产生的固体废弃物也不能忽视；另一方面，晶硅太阳能电池生产过程中会产生大量电池废品，以及大规模使用年限到期后电站需要再资源化，因此对含有的硅 89%、银 1%、铝 10% 的电池芯片回收技术的研究有着极其重要的经济和环保价值。废银浆料提银过程如下：

（1）将晶体太阳能电池芯片浸泡于太阳能电池生产线排出的废弃碱溶液中，除去太阳能电池芯片铝背场的铝层，涉及化学反应方程式为：

$$2Al + 6H_2O =\!=\!= 2Al(OH)_3 + 3H_2 \uparrow \tag{5-1}$$

$$Al(OH)_3 + NaOH =\!=\!= NaAlO_2 + 2H_2O \tag{5-2}$$

（2）将去铝电池片清洗后，用硝酸溶液浸泡将电池片表面的银浸出，得到去银电池片，将去银电池片取出，得到含银酸液，涉及化学反应方程式为：

$$3Ag + 4HNO_3 =\!=\!= 3AgNO_3 + NO \uparrow + 2H_2O \tag{5-3}$$

（3）将含银溶液利用还原剂还原得到银粉。

酸浸处理后的去银电池片表面仍覆盖有蓝色氮化硅防反射层，加入太阳能电池生产线排出的废弃氢氟酸溶液，得到去氮化硅的电池片，电池片经过清洗后得到纯净的硅晶片，涉及化学反应方程式为：

$$Si_3N_4 + 12HF =\!=\!= 3SiF_4 \uparrow + 4NH_3 \uparrow \tag{5-4}$$

将 100kg 废旧晶硅太阳能电池芯片用电池线生产过程产出的 100L 浓度为 3%~5% 的碱液处理，反应至中性，除去铝层，得到含铝的偏铝酸钠溶液；再将无铝电池芯片投入 100L 浓度为 1.5% 的硝酸溶液，使银溶解完全；把无银芯片投入含氢氟酸 0.5% 的 20L 溶液中，除去氮化硅，得到纯净硅料；最后将含银溶液还原提取银粉。

5.2 废石化银催化剂提取技术

含银催化剂在化工行业应用广泛，催化剂使用到一定时间后，便失去了催化活性，需要重新更换新催化剂。这种催化剂含银较高，一般为 10%~45%。随着社会经济快速发展，化工产品生产及用量越来越大，产生大量的含银失效催化剂，高效回收这部分银成为一个急需解决的课题，且对贵金属产业可持续发展具有重要意义。

目前，失效催化剂提银工艺有湿法和火法，其中湿法有硝酸浸出法、硫代硫酸盐法和氨浸法；火法有纯碱-硼砂熔炼法、纯碱-硼砂-萤石熔炼法等。硝酸浸出法具有简单和投资小等优点。以下为某企业废石化银催化剂湿法提取过程。

5.2.1　原料及原理

实验原料废石化银催化剂来自某企业，呈管状（见图 5-1），化学分析银含量为13.08%，XRD 分析结果如图 5-2 所示。分析结果表明，废石化银催化剂中铝主要以 γ-三氧化铝形式存在。

图 5-1　含银催化剂照片

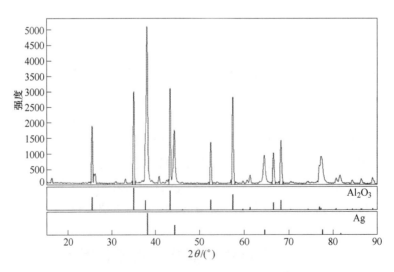

图 5-2　废石化银催化剂的 XRD 图谱

硝酸浸出废石化银催化剂反应过程发生的主要化学反应如下：

$$Ag + 2HNO_3(浓) \Longrightarrow AgNO_3 + NO_2 \uparrow + H_2O \tag{5-5}$$

$$3Ag + 4HNO_3(稀) \Longrightarrow 3AgNO_3 + NO \uparrow + 2H_2O \tag{5-6}$$

5.2.2　实验结果

经实验研究，确定硝酸浸出废石化银催化剂的合理参数为：硝酸用量为废石化银催化剂质量的 70%、浸出温度为 65℃、浸出时间为 3h、粒度为 0.121~0.175mm（80~120目）、搅拌洗涤次数为 3 次。在此条件下，银的浸出率为 99.52%，银渣含银 0.072%。采用 XRD 对浸出渣进行表征（见图 5-3），结果表明，浸出渣中全部三氧化铝存在，进一步说明银浸出完全。

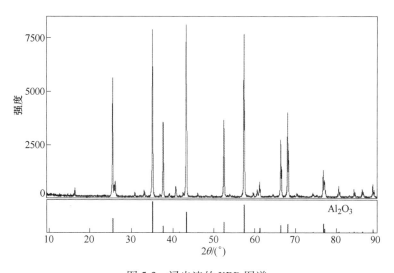

图 5-3　浸出渣的 XRD 图谱

浸出液采用加氯化钠沉银，经过滤和热水洗涤，氯化银加稀氨水反应，经过滤得到纯净的银氨配合离子溶液，加水合肼还原，过滤和洗涤、烘干，获得海绵银，银量大于 99.50%。从废石化银催化剂到海绵银产品，银的直收率达到 99.27%。涉及的化学反应如下：

$$AgNO_3 + NaCl \Longrightarrow AgCl + NaNO_3 \tag{5-7}$$

$$AgCl + 2(NH_3 \cdot H_2O) \Longrightarrow [Ag(NH_3)_2]^+ + Cl^- + 2H_2O \tag{5-8}$$

$$4AgNO_3 + N_2H_4 \cdot H_2O \Longrightarrow 4Ag + N_2 + 4HNO_3 + H_2O \tag{5-9}$$

从废石化银催化剂到海绵银产品的工艺流程如图 5-4 所示。

浸出液也可以采用加氢氧化钠沉银，获得的沉淀物在 500~600℃ 焙烧后可获得粗银粉，用中频炉熔化并浇铸成阳极进行电解，获得电解银粉，经洗涤、烘干、浇铸便得到银锭，银含量为 99.95%~99.99%。从废石化银催化剂到海绵银产品的全流程工艺如图 5-5 所示。

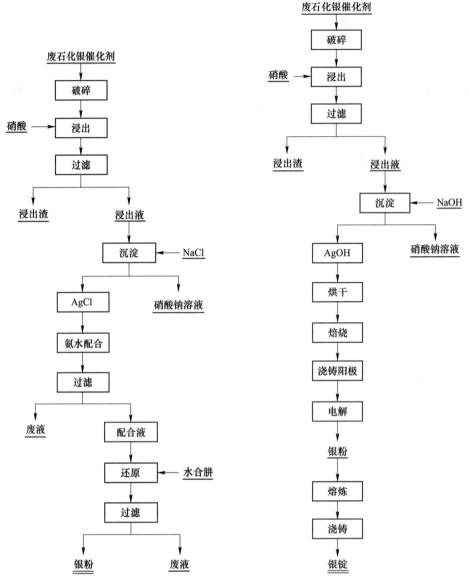

图 5-4　从废石化银催化剂到
海绵银产品的工艺流程

图 5-5　从废石化银催化剂到
海绵银产品的全流程工艺

5.3　废感光胶片提取技术

废感光胶片上一般含银 0.9%~1.8%，为回收银的主要资源。从废感光胶片中回收银的方法如下：

（1）焚烧法。该法是将废胶片装入焚烧炉中燃烧，烧去有机物后，从灰中提银。该工艺简单，但缺点多：首先是片基不能回收；其次是银回收率不高，一般回收率为 70%~80%；

再是焚烧时烟尘大，污染环境。

（2）洗脱法。该法是利用酸碱或酶的作用，将片基上的感光层洗脱下来，然后从洗脱液中回收银。

1）碱溶液洗脱法。用10%碱溶液作洗脱液，在60~70℃下放入废片，经搅拌感光层剥落，取出片基。洗脱液经澄清过滤，从沉淀物回收银。这种洗脱液中含有大量明胶胶体溶液，卤化银难以沉淀，过滤也很难，得到的沉淀物也难以熔炼处理。

2）微生物法。在45℃以下、蛋白酶的作用下，经一段时间废片基上的感光层就剥落下来，片基取出经洗涤后回收利用。洗脱液经调酸度、银泥沉降、过滤得银泥，银泥用硫代硫酸钠溶液浸出银。浸出液呈泥浆状，液固分离难。在过滤前将泥浆加热使之凝聚沉降后用离心过滤机过滤。滤液电解提银蛋白酶洗脱法工艺流程长而复杂，银回收率在85%左右，成本高、有污染。

（3）溶解法。利用溶剂将胶片上卤化银溶解到溶液中，再将溶液中的银回收。一般用硫代硫酸钠作溶剂。由于废胶片上的明胶在溶银过程中有部分溶于溶液中，使溶液黏度增加，如果溶液反复处理胶片，溶液中的胶质不断增加，要从这种带有胶质的溶液中回收银，过滤、提银、熔炼等都有困难。

也有采用$FeCl_3$溶解废感光胶片上的银，即用$FeCl_3$将废感光胶片上的单质银转化为$AgCl$，其反应为：

$$Ag + FeCl_3 \rule[0.5ex]{2em}{0.5pt} FeCl_2 + AgCl \downarrow \tag{5-10}$$

用$Na_2S_2O_3$使胶片上的$AgCl$转为可溶性的$Na[Ag(S_2O_3)_2]^-$（见式（5-11）），获得的溶液通过电解或选用合适的还原剂（如锌、铁、肼盐或保险粉等）从$Ag(S_2O_3)_2^{3-}$中提取银。

$$AgCl(s) + 2S_2O_3^{2-} \rule[0.5ex]{2em}{0.5pt} Na[Ag(S_2O_3)_2]^- + Cl^- \tag{5-11}$$

（4）机械剥离法。将废感光胶片剪碎，加入球磨机中进行机械球磨，借助机械力将黏附在胶片上的银脱落，采用水冲洗获得含银泥，实现了银富集；采用火法或湿法提取银。剥离后胶片作为生产塑料的优质原料。

5.4　废旧电子元器件提银技术

周全法等研究废旧电子元器件提银技术，其中废旧电子元器件中白银的回收包括两部分：一是电子元器件生产厂家产生的废器件和原料，如电位器、蜂鸣器、滤波器和各类银浆，这类废料相对而言较为集中；二是各类废旧电器中的含银器件。

5.4.1　蜂鸣片和滤波片中白银的回收

蜂鸣片和滤波片等压电陶瓷主要用于蜂鸣器和滤波器的生产。其制备工艺为在压电陶瓷基片上喷涂或经过丝印银浆，经高温烧结而得到具有不同电性能的器件。由于压电陶瓷基片很薄，有的厚度在0.1mm以下，脆性较大，在丝印或喷涂过程中很易折断，加上烧结后各种电性能的测试合格率不高，因此在蜂鸣片和滤波片生产中会产生大量含银废瓷片。

综合利用蜂鸣片和滤波片的工艺路线如图 5-6 所示。

各步骤注意事项如下：

（1）筛选。废瓷片在生产过程中常含有一些包装纸、塑料袋及其他杂质。因此在回收白银以前，通常须进行筛选，挑去塑料袋和包装物，保证浸酸过程的硝化完全，降低酸耗。

（2）一次水洗。一次水洗废瓷片在浸酸前的必须步骤。在瓷片生产过程中，由于切割、运输及废料存放地点等因素的影响，在废瓷片表面存在一层切割瓷片碎屑及尘土。这些陶瓷碎屑及尘土的存在，将使浸酸过程所得溶液中含有大量不溶物，增加酸耗，严重影响白银的回收率和品位。

（3）浸酸。浸酸是含银瓷片回收中最关键的一步。浸酸所用酸一般为 1∶1 的硝酸，时间为 5min。时间太短，表面银层脱不干净，影响回收率；时间太长，基底材料中 Pb、Ti、Fe 等杂质元素进入溶液太多。因此，浸酸时间一般控制在 5min，并在浸酸过程中尽量翻动瓷片数次。

（4）二次水洗。浸酸后所得瓷片颜色将从银白色变成黑色或青色，将其再浸入清水两次，使表面的硝酸银溶入溶液。二次水洗后将不含银瓷片晾干，再进一步回收其中的二氧化锆和铅等有用材料。

废瓷片

→ 筛分

→ 一次水洗

→ 酸浸

→ 沉淀

→ 开炉粗炼

→ 电解精炼

→ 高纯银

图 5-6　综合利用蜂鸣片和滤波片的工艺路线

（5）沉淀。合并浸酸液和二次水洗液，滤去不溶物。在滤液中加入 1∶1 盐酸或氯化钠饱和溶液，充分搅拌，使 AgCl 沉淀完全（可用少量氯化钠溶液检验，上层清液是否还含有 Ag 来判断 AgCl 沉淀是否完全）。所得沉淀用冷水充分洗涤 3 次、过滤、晾干或烘干。在这一步骤中，到底是用盐酸还是用氯化钠来沉淀 Ag 取决于后续步骤和对回收银的精度要求。在精度要求高的时候，建议用盐酸。因为盐酸加入硝酸银中，除了与硝酸银形成 AgCl 沉淀外，过量的盐酸与溶液中的硝酸实际上形成了王水，可以使除了 AgCl 以外的其他金属溶解于其中而保证所得 AgCl 的纯度。

（6）开炉精炼。经晾干或烘干的 AgCl 沉淀置于坩埚中，上覆少量硼砂或纯碱，压实后于中频炉或地炉中加热，至完全熔化后保温 10min，将熔液倒入模具中，冷却，将上层炉渣敲掉（可以根据含量进一步回收白银）得到粗银。用盐酸沉淀的 AgCl 开炉所得粗银含银量约为 99.5%以上，用氯化钠沉淀的 AgCl 开炉所得粗银含银量约为 99.0%以上。

（7）电解精炼。粗银经一次电解（槽电压 2～3V，电流密度 250～350A/m²）所得电解银粉的银含量约为 99.5%以上，杂质元素含量低于 99.95%；经二次电解所得银粉含量在 99.99%以上，符合国标 1 号银标准（银含量达到 99.99%）。

5.4.2 各类电子浆料中白银的回收

电子元器件上所用白银一般必须先制成各类电子浆料,如氧化银浆、分子银浆、导电浆料等。这些电子浆料在喷涂或丝印过程中,产生一定量的报废银浆、含银抹布和抛灰。传统的回收方法为焚烧—浸酸—还原,得到银粉。由于焚烧过程中产生大量有害气体污染环境(主要为银浆配料中加入的聚乙烯醇、松香、松节油、硼酸铅等不完全燃烧而来),同时随气流上升还带走一部分白银,白银回收率不高(一般小于70%)。还原过程一般采用铁粉或锌粉,使所得粗银中铁、锌比例偏高,影响回收银的品位,同时回收成本也偏高。

经过反复试验,按下列工艺回收各类电子浆料,效果良好。含银废浆料上覆10%的硼砂和纯碱—加热熔融—保温10min—注入模板—冷却剥离上层熔渣— 一次粗银(含银90%)—浸酸(1∶1硝酸)—过滤—滤液用盐酸沉淀—AgCl沉淀二次开炉—二次粗银(含银99.8%)。该工艺的白银回收率在98%以上,回收成本比焚烧法约低30%。

5.4.3 压电陶瓷切削粉料的白银回收

在压电陶瓷片生产过程中,为了使尺寸过小的压电陶瓷片(如5mm×5mm)更容易丝印和提高工效,通常先将银浆丝印于压电陶瓷大片上,再用切割机将每大片切割成若干小片。切割过程产生的大量粉状碎屑,通常因其含银量偏低且回收困难而废弃不再回收。经分析得知,粉状碎屑的含银量并不低,为整片陶瓷含银量的80%~90%。回收困难在于若将这些粉状碎屑直接浸酸,产生大量浆状的液体很难后处理。

在此情况下,可按如下工艺进行白银回收:粉状碎屑—水洗沉降—晒干— 一次开炉— 一次粗银—浸酸—盐酸沉淀—二次开炉—二次粗银—浸酸—盐酸沉淀—三次开炉—三次粗银(含银99.5%),回收率约为93%。

5.4.4 废旧电器和器件中白银的回收

废旧电器和器件中有大量的电位器、电容器、滤波器、蜂鸣器及印刷电路板和一些银触点。通常因这些"废物"分布分散、单个器件含银量偏低而不再回收其中的白银。随着各类家电更新换代速度的加快,在这方面废弃的白银数量相当可观。收集和分类费时费力,是回收这类白银的主要困难,另外,许多废旧物资回收人员并没有意识到这类"废物"中还有比铜、铁更有经济价值的东西。因此,加大宣传力度,提高认识水平,对保护贵金属不再流失极为重要。

废旧器件经分类整理后,回收白银前的第一步是破壳,将包裹于器件表面的有机塑料壳或金属壳破碎,经水漂洗后,含贵金属的器件沉于底部,再经过浸酸、沉淀和数次开炉,同样可得数量可观的白银,回收率一般在70%左右。

5.5　其他金银二次资源提取技术

废旧金银首饰回收较为简单，一般采用王水溶解分金，获得含金溶液，经净化、还原得到纯金；含银渣采用氨水配合、过滤，还原即得到银粉。

复习思考题

5-1　简述废银浆料提取技术。

5-2　简述废石化银催化剂得到最终银粉和银锭的工艺流程并从环保角度对比优缺点。

5-3　废感光胶片提取技术有哪些？

5-4　简述综合利用蜂鸣片和滤波片回收银的工艺路线。

6.1 废汽车尾气催化剂

废汽车尾气催化剂回收铂族金属二次资源的工艺主要分为湿法和火法。早期研究主要集中在湿法，分为加压氰化氧浸、氯酸盐氧化酸浸、王水浸出等；后期研究主要集中在火法，分为金属捕集、造锍熔炼捕集，也出现新方法如还原—磨选—酸浸、非金属捕集法等。

6.1.1 盐酸-氯酸钠湿法提取技术

废汽车尾气催化剂原料破碎磨细，盐酸加氯酸钠浸出铂、钯、铑，液固比控制为 $3:1 \sim 5:1$，浸出温度为 $80 \sim 95 ℃$，浸出结束后，过滤和洗涤，分别获得浸出渣和浸出液。该工序获得浸出液中铂、钯、铑含量低和液体量大，需加贱金属置换浸出液中的铂、钯、铑，获得铂族金属精矿；加盐酸和氯酸钠浸出精矿中铂、钯、铑，过滤和洗涤，浸出液中含铂、钯、铑含量高；用离子交换除去贱金属，经萃取分离，首先用萃取剂 S201 萃取钯，萃余液用 TBP 萃取铂，最后获含铑溶液，实现了铂、钯、铑的分离，工艺流程如图 6-1 所示。

在废汽车尾气催化剂湿法浸出过程中铑浸出率普遍偏低，为此胡定益等人研究汽车失效催化剂中铑的浸出动力学，通过考察浸出反应液固比、氧化剂氯酸钠用量、温度、初始氢离子浓度、初始氯离子浓度对铑浸出的影响，研究了汽车失效催化剂在 $HCl-H_2SO_4-NaClO_3$ 体系中铑的浸出反应动力学。结果表明，汽车失效催化剂中铑的浸出遵循"未反应核缩减"模型，受化学反应控制；提高反应温度，初始氢离子浓度及初始氯离子浓度均可提高铑的浸出率并加速铑的浸出速率；液固比及氧化剂 $NaClO_3$ 用量对浸出速率影响不明显。采用阿伦尼乌斯公式求出反应活化能为 66.719kJ/mol、氢离子反应级数为 0.779、氯离子反应级数为 0.296，3 个动力学参数的拟合曲线的相关系数均在 0.97 以上。从汽车失效催化剂中浸出铑的动力学研究为以后工业实践中处理回收铂族金属提供一定的借鉴意义。

该方法具有投资小、工艺简单、处理规模可大可小等优点，在贵金属企业得到应用，但存在铑浸出率低、废液量大等缺点，影响企业经济效益，在铑价格居高时代，贵金属企业转向火法工艺。

6.1.2 金属铁捕集—湿法提取技术

6.1.2.1 金属铁捕集原理

贵金属元素电负性高，标准电极电位较正，因此在还原过程中，贵金属化合物优先于

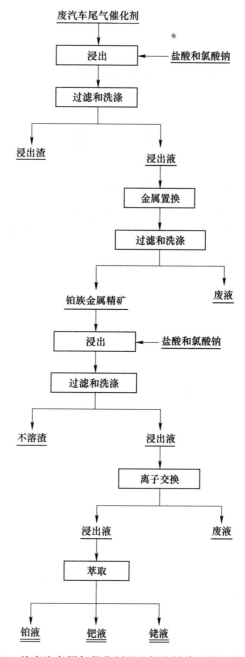

图 6-1　从废汽车尾气催化剂湿法提取铂族金属工艺流程

铁氧化物被还原，微量贵金属先一步转化为原子态或原子团簇，铁氧化物被还原为金属铁后，球团内分为金属铁和脉石两部分，金属铁与脉石中化合物化学键结合方式不同，其黏度、密度和表面张力也不相同，对于贵金属原子或合金原子簇，它们价电子不可能与脉石中电子形成键合，但可以与金属铁中自由电子键合在一起，使体系中自由能降低，脉石中残留的贵金属原子将靠热扩散力的推动而进入金属相。由相似相溶原理可知，铂族金属 Pt、Pd 和 Rh 可与金属铁形成连续固溶体或金属间化合物；在 1220℃ 时，金属铁与铂族金属 Pt、Pd 和 Rh 在此温度可形成连续 γ 固溶体合金 γ-(Fe,Pt)、γ-(Fe,Pd) 和 γ-(Fe,Rh)，铁晶粒在扩散凝聚长大过程中，金属铁会与贵金属充分接触，甚至包裹贵金属，从而可以有效提升捕集效果。经铁氧化物还原后得到的金属铁在扩散凝聚长大过程中，能够有效捕集贵金属 Pt、Pd 和 Rh。

6.1.2.2 提取过程及工艺流程

废汽车尾气催化剂火法提取铂族金属中前段工序采用熔炼金属捕集，后端工序采用湿法实现铂、钯、铑分离与提纯，即废汽车尾气催化剂与铁捕集剂、还原剂、造渣剂、熔剂混合，采用电弧炉或等离子炉熔炼，实现了载体与铂族金属分离，获得含铂族金属熔体；采用快速冷却和球磨或雾化喷粉，获得适于稀酸选择性浸出捕集剂，过滤洗涤后获得铂族金属精矿；用加盐酸和氯酸钠浸出精矿中的铂、钯、铑，过滤和洗涤后浸出液中含铂、钯、铑含量高；用离子交换除去贱金属，经萃取分离，首先用萃取剂 S201 萃取钯，萃余液用 TBP 萃取铂，最后获含铑溶液，实现了铂、钯、铑的分离，工艺流程如图 6-2 所示。

该方法产生的熔炼渣中还有微小铁珠，需要采用球磨—磁选回收铂族金属，以降低渣中铂族金属含量和提高收率；获得的金属熔体含铂族金属低，后续稀酸浸出富集铂族金属存在酸耗高、废液量大等问题，为此研究了金属熔体在电炉中氧化熔炼，即吹氧熔炼，使部分铁以氧化铁造渣，以提高熔体中铂族金属含量，获得的渣返回熔炼工序使用。

6.1.3 造锍捕集—湿法技术

6.1.3.1 造锍捕集原理

锍是两种以上贱金属硫化物的共熔体。铁、钴、镍、铜的硫化物都具有很高的熔点和分解温度能形成共熔体；锍能捕集贵金属的原因是重有色金属硫化物具有与贵金属相似的晶格结构和相近的晶胞参数，在熔炼过程中，贵金属原子进入熔锍中同样可以降低体系的自由能。

6.1.3.2 造锍捕集和提取过程

基于镍捕集铂族金属能力强，为了不添加其他杂质，选用硫酸镍作为捕集剂，工艺流程如图 6-3 所示。

称取一定量的废汽车尾气催化剂与不同配比的六水硫酸镍、还原剂、造渣剂、熔剂混匀并进行熔炼，控制熔炼时间，熔炼结束得到渣和镍锍；镍锍在热态下雾化喷粉，得到镍锍粉末，加稀酸浸出，经过滤和洗涤，得到铂族金属精矿和浸出液；加盐酸和氯酸钠加热浸出，过滤和洗涤，得到浸出渣和含铂族金属浸出液；用离子交换脱出浸出液中杂质；最后萃取分离铂、钯、铑。

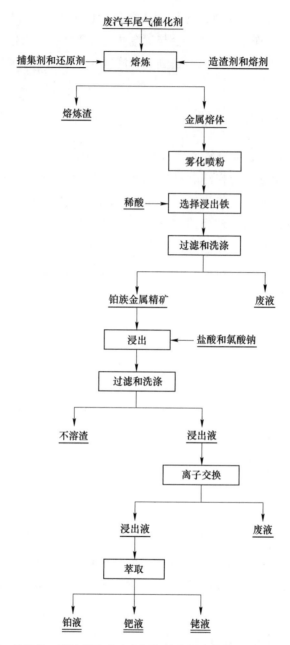

图 6-2　铁捕集—湿法提取废汽车尾气催化剂中铂族金属的工艺流程

A　镍捕集铂、钯、铑的原理

六水硫酸镍加碳还原形成镍锍，为良好的铂钯捕集剂，由于形成镍锍的密度大，因此沉入熔炼坩埚底部，从而达到渣与锍的分离。相关的化学反应如下：

$$NiSO_4 + 4C \Longrightarrow NiS + 4CO \tag{6-1}$$

$$3NiS \Longrightarrow Ni_3S_2 + 1/2S_2 \tag{6-2}$$

六水硫酸镍的捕集、锍的形成需从热力学进行研究，相关热力学数据见表 6-1。

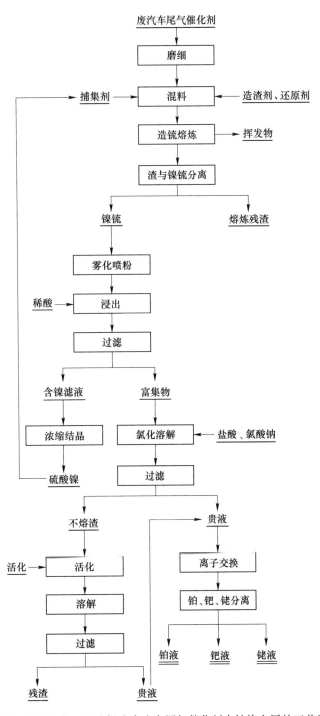

图 6-3 造锍捕集—湿法提取废汽车尾气催化剂中铂族金属的工艺流程

表 6-1 相关热力学数据

物质	C	CO	$NiSO_4$	Ni_3S_2	S_2	NiS
$\Delta H_f^{\ominus}/kJ \cdot mol^{-1}$	0	−110.541	−870.690	−163.176	128.658	−82.000
$\Delta S^{\ominus}/J \cdot (K \cdot mol)^{-1}$	5.732	197.527	113.805	133.930	228.028	52.969

对于反应式（6-1）有：

$\Delta H_f^{\ominus} = (- 4 \times 110.541 - 82.000 + 870.690) \times 1000 = 346526 J/mol$

$\Delta S^{\ominus} = 4 \times 197.527 + 52.969 - 4 \times 5.732 - 113.805 = 706.344 J/(K \cdot mol)$

$\Delta G_f^{\ominus} = \Delta H_f^{\ominus} - T\Delta S^{\ominus} = 346526 - 706.344T$

当 $\Delta G_f^{\ominus} = 0$ 时，$T = 490.59K$ 。

对于反应式（6-2）有：

$\Delta H_f^{\ominus} = (- 163.176 + 1/2 \times 128.658 + 3 \times 82.0) \times 1000 = 147153 J/mol$

$\Delta S^{\ominus} = 133.930 + 1/2 \times 228.028 - 3 \times 52.969 = 89.037 J/(K \cdot mol)$

$\Delta G_f^{\ominus} = \Delta H_f^{\ominus} - T\Delta S^{\ominus} = 147153 - 89.037T$

当 $\Delta G_f^{\ominus} = 0$ 时，$T = 1652.717.4K$。

由此可知，式（6-1）和式（6-2）在现有火法冶金条件下可以实现。另外，该实验研究温度为1673K，即造锍熔炼温度为1673K时，$\Delta G_f^{\ominus} = -1805.901 J/mol$；在造锍熔炼温度范围内，$\Delta G_f^{\ominus} < 0$，因此采用六水硫酸镍捕集铂族金属是可行的。

B　氯化浸出

氯酸钠在硫酸介质作用下，发生如下反应：

$$3NaClO_3 + H_2SO_4 = Na_2SO_4 + NaCl + 9[O] + 2HCl \tag{6-3}$$

$$2HCl + [O] = 2[Cl] + H_2O \tag{6-4}$$

新生态的氯 [Cl] 与氧 [O] 具有极强的氧化性，它能将原料中铂、钯、铑氧化配合溶解，主要方程如下：

$$Pt + 2HCl + 4[Cl] = H_2PtCl_6 \tag{6-5}$$

$$Pd + 2HCl + 2[Cl] = H_2PdCl_4 \tag{6-6}$$

$$Rh + 2HCl + 4[Cl] = H_2RhCl_6 \tag{6-7}$$

C　含铂、钯、铑溶液脱出贱金属

氯化溶解后，获得含铂、钯、铑溶液，常含有铜、镍、铁等贱金属，需要通过离子交换脱出，一般采用 H^+ 型-732阳离子树脂交换脱出，按下列反应交换铜、镍、铁等。

$$2(R\text{-}SO_3^-H^+) + Cu^{2+} = (R\text{-}SO_3)_2Cu + 2H^+ \tag{6-8}$$

$$2(R\text{-}SO_3^-H^+) + Ni^{2+} = (R\text{-}SO_3)_2Ni + 2H^+ \tag{6-9}$$

$$2(R\text{-}SO_3^-H^+) + Fe^{2+} = (R\text{-}SO_3)_2Fe + 2H^+ \tag{6-10}$$

D　熔炼捕集试验

最佳熔炼捕集工艺为：称取一定量失效汽车尾气催化剂，控制六水硫酸镍加入量为失效汽车尾气催化剂质量的200%、石灰石为失效汽车尾气催化剂质量的100%、石英砂为失效汽车尾气催化剂质量的140%、碳酸钠加入量为失效汽车尾气催化剂质量的30%、硼砂加入量为失效汽车尾气催化剂质量的30%、氟化钙加入量为失效汽车尾气催化剂质量的30%、焦炭加入量为失效汽车尾气催化剂质量的40%，熔炼温度为1350℃、熔炼时间为60min。在此条件下，锍产率为64.24%，富集比为1.61倍，锍中铂、钯、铑含量为

0.36%、0.40%、0.11%，铂、钯、铑的回收率分别达 98.81%、98.57%、98.43%。

试验采用 XRD 对熔炼后获得的镍锍合金和渣进行表征，结果如图 6-4 和图 6-5 所示。

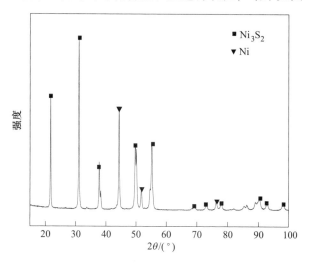

图 6-4　熔炼富集后镍锍的 XRD 图谱

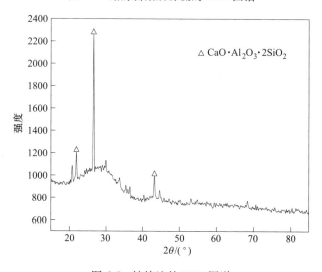

图 6-5　熔炼渣的 XRD 图谱

由图 6-4 可知，镍锍主要是硫酸镍分解为氧化镍，被碳还原成金属镍，大部分为 NiS 离解生成 Ni_3S_2。由此可说明加硫酸镍还原熔炼生成镍锍可有效捕集失效汽车尾气催化剂中的铂族金属。

由图 6-5 可知，熔渣的主要物相是 $CaO \cdot Al_2O_3 \cdot 2SiO_2$ 固相化合物，其他物质未出现。说明造渣剂充分完成造渣过程，且造锍熔炼较完全。

E　雾化喷粉试验

上述还原熔炼得到的锍，进行保温，控制熔体温度，然后倒入雾化器中，采用水雾化，得到超细锍粉，采用加水振动筛分，筛网粒度控制在 0.074mm（200 目）以下，其余粗颗粒返回电炉中再进行雾化。

F　选择性浸出试验

经过还原熔炼、雾化喷粉得到的镍锍粉，铂、钯、铑回收率大于98%，但贵金属含量富集比为1.61倍，锍中铂、钯、铑含量为0.36%、0.40%、0.11%，仍需要进一步富集。基于镍锍粉的特性，采用稀硫酸选择性浸出镍，铂、钯、铑留在渣中，实现了铂、钯、铑的富集。

a　浸出温度对镍浸出率的影响

称取一定量雾化后的锍粉，酸加入量为理论酸量的1.5倍，加入水与酸混合，浸出液固比为4∶1、搅拌转速为250r/min、浸出时间为3h，浸出温度对镍浸出率影响如图6-6所示。

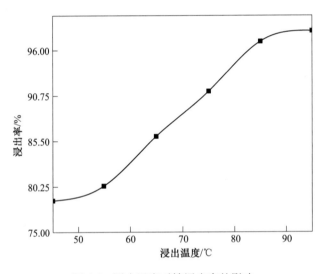

图6-6　浸出温度对镍浸出率的影响

由图6-6可以看出，随着浸出温度的提高，镍浸出率增加。在浸出温度由45℃增加到85℃过程中，镍浸出率由78.66%提高至97.02%，继续提高浸出温度至95℃，镍浸出率提高至98.24%，提高了1.22个百分点，继续提高温度，浸出率提升不大。综合考虑，浸出温度为95℃。

b　浸出时间对镍浸出率的影响

称取一定量雾化后的锍粉，酸加入量为理论酸量的1.5倍，加入水与酸混合，浸出液固比为4∶1、搅拌转速为250r/min、浸出温度为95℃，浸出时间对镍浸出率影响如图6-7所示。

由图6-7可以看出，浸出时间在0.5~3h，随着浸出时间的增加，镍浸出率提高，但浸出时间在3h后，继续浸出，镍浸出率提升幅度不明显。且浸出时间延长，生产效率降低，生产成本增加，综合考虑浸出时间为3h为宜。

c　液固比对浸出率的影响

称取一定量雾化后的锍粉，酸加入量为理论酸量的1.5倍，加入水与酸混合，搅拌转速为250r/min、浸出温度为95℃、浸出时间为3h，液固比对镍浸出率影响如图6-8所示。

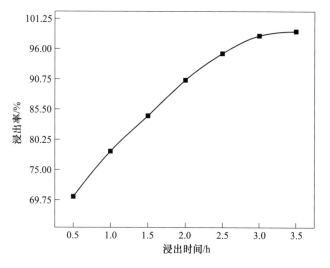

图 6-7　浸出时间对镍浸出率的影响

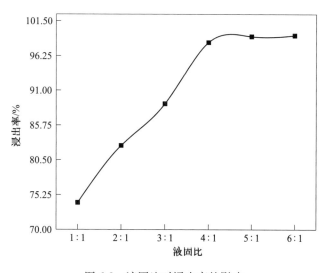

图 6-8　液固比对浸出率的影响

由图 6-8 可以看出，液固比在 1:1~5:1，随着液固比的增加，镍浸出率提高，继续增加液固比至 6:1，镍捕集率从 99.14% 提高至 99.30%，仅提高了 0.16%，提升幅度并不大。综合考虑最佳液固比为 5:1。

d　酸加入量对浸出率的影响

称取一定量雾化后的锍粉，酸加入量为理论酸量的 1.5 倍，加入水与酸混合，搅拌转速为 250r/min、浸出温度为 95℃、浸出时间为 3h，酸加入量对镍浸出率影响如图 6-9 所示。

由图 6-9 可以看出，随着酸加入量的增加，镍浸出率不断提高。酸加入量超过理论酸量倍数 1.5 倍后，镍浸出率提升幅度并不明显，且酸加入过多，会导致酸的用量加大，经济成本增加，综合考虑，酸的加入量为理论酸量的 1.5 倍。

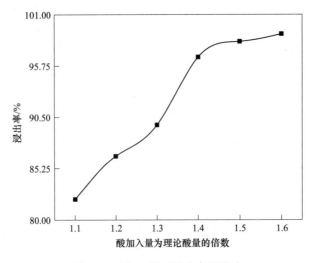

图 6-9　酸加入量对浸出率的影响

通过酸浸试验，得到最佳的浸出工艺参数：酸加入量为理论酸量的 1.5 倍、加入水与酸混合、搅拌转速为 250r/min、浸出温度为 95℃、浸出时间为 3h。在此条件下，镍浸出率达到 98.24%，铂、钯、铑回收率分别为 99.87%、99.68%、99.92%，富集倍数达到 36.58 倍，富集物中铂、钯、铑含量分别为 13.17%、14.63%、4.02%。

利用硫酸溶液浸出经硫酸镍捕集后的镍锍合金，使铂族金属富集在酸浸出渣中。试验条件为：硫酸浓度为 50%、液固比为 5∶1、浸出时间为 2h、浸出温度为 90℃、搅拌速度为 400r/mim，镍的浸出率为 94.53%，经过滤和洗涤，获得铂族金属富集物。利用 XRD 对铂族金属富集物进行物相分析，结果如图 6-10 所示。从图 6-10 可以看出浸出渣中主要物相为 PdS、PtS_2、Rh_2S_3、Ni_3S_2。硫酸镍熔炼捕集后得到的镍锍合金中主要含有 Ni_3S_2，采用硫酸浸出镍，最终获得铂族金属富集物。

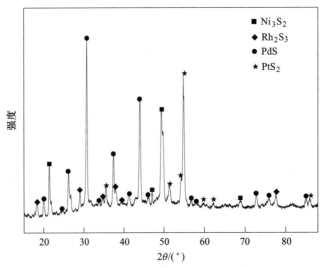

图 6-10　浸出富集的 XRD 图谱

G　氯化溶解试验

富集物氯化溶解，溶解总酸度为 8mol/L，其中 5mol/L HCl、3mol/L H_2SO_4，液固比（L/S）为 4∶1、温度为 95~100℃、$NaClO_3$ 加入量为理论耗量的 2 倍，缓慢加入，氯化反应 6h，快速过滤和洗涤，滤液颜色为红褐色，滤渣为均匀的灰色。铂、钯、铑的溶解率分别为 99.85%、99.81%、95.87%。经一次氯化溶解后，氯化渣中铂、钯、铑含量分别为 0.33%、0.38%、0.63%，为典型的贵金属难溶渣。虽用同样的技术进行二次氯化溶解，但铂、钯、铑的溶解率分别为 36.23%、45.11%、21.98%。

为此开展微波辐射加铝活化、酸溶试验，即称取难溶贵金属渣，铝粉加入量为难溶贵金属渣的 4 倍，采用球磨机混匀，装入石墨坩埚中，置于微波腔体中，开启微波，控制微波辐射功率，活化温度为 1200℃、恒温 30min，活化结束后，加入 4 倍活化产物质量比的王水，在微波辐射条件下溶解，辐射时间为 20min，铂、钯、铑的溶解率分别为 97.72%、98.08%、95.34%。溶解得到贵液置于传统浓缩槽中继续补加盐酸，加热煮沸赶硝，直到赶硝完全。

H　离子交换试验

赶硝后的贵液含有金属铝、镍及少量铁、铜等有色金属，在铂、钯、铑萃取过程中需要脱出。试验采用 732 阳离子树脂交换除去，将 732 阳离子树脂经预处理装入交换柱中，然后贵液加碱调节 pH 值为 1~1.5，把调节好的贵液通过泵打入交换柱中，控制交换速度为 20~25mL/min。当阳离子树脂交换容量达到饱和时，用 10% 的盐酸进行解吸，加去离子水洗涤离子交换树脂，最后树脂再生。获得交换贵液加热浓缩，控制铂、钯、铑含量均在 20g/L 以上。

I　萃取分离及提纯试验

阳离子交换得到的合格贵液，首先用 TPB 萃取铂，萃取液用 S201 萃取钯，最后萃余液用加热浓缩至铑达到 25~30g/L，加碱调节 pH 值，得到氢氧化铑，过滤和洗涤，得到纯净的氢氧化铑，加盐酸溶解、过滤，得到纯净的含铑溶液，加水合肼还原，得到高纯铑粉产品。

在萃铂和钯过程中引入超声波辐射萃取和洗涤，即水相与有机相混合时，采用超声波协同铂族金属萃取技术，消除了乳化现象，有机相洗涤过程中引入超声波，显著减少了有机相夹带水相，提高了铂、钯、铑的回收率，较传统机械搅拌萃取，缩短了萃取级数 2~3 级。

萃取得到的含钯溶液和含铂溶液分别加入氯化铵沉淀，过滤和洗涤，煅烧得到钯粉和铂粉。具体操作如下：

（1）水解。将浓度为 10% 的碱液 pH 值调为 8~9；母液反复氧化；水解 3~5 次，水解过程中用钛冷却器冷却，冷却液用漏斗过滤。

（2）NH_4Cl 沉淀。用过量的 NH_4Cl 沉淀，并用 5% 饱和 NH_4Cl 溶液洗涤除去钠离子。

（3）沉淀煅烧。把氯铂酸铵置于煅烧炉中缓慢加温，在 300～450℃ 中保温 2h，600～750℃ 中保温 4h。量多时可适当延长保温时间，直到看不见冒白烟为止。

（4）洗涤除钠。用去离子水洗涤除钠，直到用硝酸银溶液检查无白色沉淀。

（5）烘干。把洗好的沉淀置于钵中，放入烘箱内，在 150～200℃ 烘干 12h，冷却后包装。

钯精炼过程如下：

（1）氨水配合。将贵金属溶液稀释到 20～30g/L，把氨水配成 10% 的溶液，缓慢加入溶液中调 pH 值为 8～9，使钯与氨形成二氯四氨络亚钯溶液与部分杂质分离。

（2）酸化。过滤后用 6mol/L 盐酸酸化，pH 值控制在 1～1.5 范围，形成二氯二氨络亚钯黄色沉淀，进一步与其他杂质分离。

（3）还原。用还原剂缓慢加入钯配合溶液还原。

（4）烘干。将海绵钯置入瓷钵，在 120～150℃ 烘干 8h，冷却后包装。

铑精炼过程如下：

（1）离子交换。控制适当酸度、浓度，离子交换除去贱金属杂质至分析合格。

（2）萃取。控制适当酸度，用萃取剂萃取（相比为 1∶1）除去贵金属杂质至分析合格。

（3）还原制取铑黑。将纯铑溶液加水合肼还原，用碱调 pH 值至 10，缓慢加入还原剂还原得铑粉。

6.1.4　还原—磨选—酸浸富集技术

6.1.4.1　实验原料

实验原料为经王水湿法提取铂、钯和铑后的废催化剂残渣。由于浸出不完全，还有部分铂、钯和铑残留于渣中。残渣化学分析见表 6-2。

表 6-2　残渣化学分析

成分	Pt	Pd	Rh	S	SiO$_2$	Al$_2$O$_3$	MgO	CaO	Fe
含量/%	86.15/g·t^{-1}	24.88/g·t^{-1}	42.4/g·t^{-1}	5.32	48.3	14.9	0.56	0.025	0.06

捕集剂为 Fe 57.42%，利用 XRD 对捕集剂物相的组成进行分析，结果如图 6-11 所示。从图 6-11 可以看出，该铁矿主要物相为 Fe$_3$O$_4$、Fe$_2$O$_3$ 和 SiO$_2$，捕集剂化学成分含量见表 6-3。

表 6-3　捕集剂化学分析

成分	Fe	SiO$_2$	S	Al$_2$O$_3$	MgO	CaO
含量/%	64.42	2.14	0.036	0.25	0.78	0.14

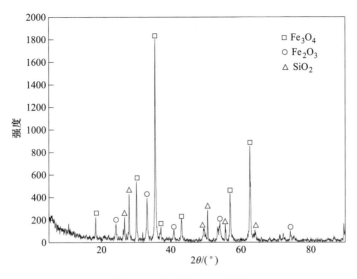

图 6-11　铁矿的 XRD 图谱

6.1.4.2　实验原理

残渣与捕集剂、添加剂、还原剂混合，通过控制还原温度，铂族金属优先铁还原，当还原得到金属铁，在添加剂促进下形成铁晶粒并聚集长大以捕集铂族金属。从铁碳相图可知，金属铁在一定温度下为 γ-铁，为面心立方晶格，与铂族金属具有相似的晶格结构，在一定温度间金属铁与铂族金属形成连续的 γ 固溶体合金。因此金属铁在还原过程中能有效捕集铂族金属，形成含铂族金属的还原铁粉。还原产物再经磨选，使金属铁与脉石有效分离，最终得到含铂族金属的还原铁粉。

还原过程中主要发生的反应如下：

$$C + CO_2 \Longrightarrow 2CO \tag{6-11}$$

$$3Fe_2O_3 + CO \Longrightarrow 2Fe_3O_4 + CO_2 \tag{6-12}$$

$$3Fe_2O_3 + CO \Longrightarrow 3FeO + CO_2 \tag{6-13}$$

$$FeO + CO \Longrightarrow Fe + CO_2 \tag{6-14}$$

$$Fe_3O_4 + 4CO \Longrightarrow 3Fe + CO_2 \tag{6-15}$$

6.1.4.3　试验方法及流程

称取一定量的催化剂残渣，按实验要求配入捕集剂、煤粉、黏结剂和添加剂细磨，制成直径 10mm 的球团，烘干，置于石墨坩埚中，并在还原炉内按要求控制还原温度和时间，还原结束后，取出石墨坩埚，待冷却至室温后，进行磨选，获得含贵金属还原铁粉，将还原铁粉进行酸浸，最终得到含铂族金属富集物，工艺流程如图 6-12 所示。

6.1.4.4　还原实验

在捕集剂与残渣配比为 1.5 : 1、还原温度为 1220℃、还原时间为 6h、还原剂配比为

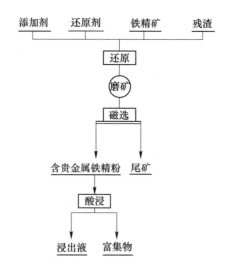

图 6-12　还原—磨选—酸浸富集铂族金属的工艺流程

9%和 CaO 配比为 10%的条件下还原效果较好，对得到的焙烧产物进行 XRD 和显微分析。

　　图 6-13 为最佳条件下焙烧产物显微结构，由图 6-13 可以看出，金属铁颗粒较大，并与渣相呈现物理镶嵌分布，易于通过湿法球磨实现单体解离，再经过磁选回收金属铁，实现金属铁与渣相分离。

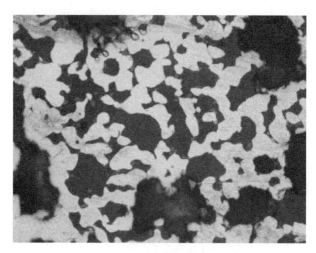

图 6-13　最佳条件下焙烧产物的显微结构

　　图 6-14 为最佳条件下焙烧产物 XRD 图谱，由图 6-14 可见，捕集剂配残渣还原焙烧后，金属铁氧化物已经全部转化为金属铁，其中金属铁与贵金属形成固溶体合金，但因含量较低，未能在 XRD 图谱中呈现出来。由此可见捕集剂还原焙烧效果明显。

6.1.4.5　磨选试验

A　磨矿细度对磁选效果的影响

在最佳还原条件下还原产生的金属铁与其他组分混合物相互包裹在一起，为达到最佳

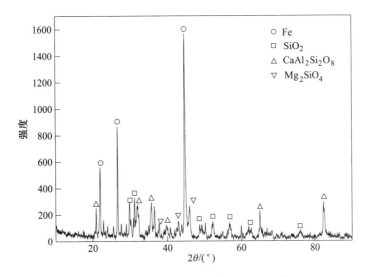

图 6-14　最佳条件下焙烧产物 XRD 图谱

磁选效果，需将还原物进行破碎和适当球磨，实现单体解离。为此进行了不同球磨粒度对磁选效果影响实验，将还原矿破碎后湿式球磨，在磁场强度 120kA/m 下磁选，然后确立了不同球磨时间对粒度的影响及磁选效果，结果见表 6-4。

表 6-4　磨矿粒度对磁选效果的影响

球磨时间/min	粒度 (>48μm)/%	精矿品位/%	铁回收率/%	铂回收率/%	钯回收率/%	铑回收率/%
15	61.21	83.91	97.33	97.99	95.61	98.51
30	49.68	91.51	94.89	98.01	93.31	97.29
45	41.13	96.55	94.43	98.56	91.72	97.55
60	39.22	95.24	92.27	96.45	89.67	96.89

从表 6-4 可以看出，随磨矿时间增加，磨矿粒度逐渐变小。球磨时间短，金属铁不能有效地与脉石分离，磁选后金属铁回收率较高，但铁粉品位较低，不利于后期酸浸，为后期处理增加了复杂性。在球磨 45min 后，金属铁的回收率和品位基本维持不变。综合考虑含贵金属铁粉后期处理，确定最佳球磨时间为 45min。

　　B　捕集剂物相及成分分析

　　在最佳还原和磁选条件下，得到含贵金属的铁精粉，利用 XRD 和化学分析对磁选后铁精粉进行物相和成分进行分析，结果如图 6-15 和表 6-5 所示。从图 6-15 可以得到，铁精粉主要组分为金属铁，其他组分含量很低，因此铁精粉主要衍射峰为金属铁特征峰，说明金属铁与其他组分能有效分离，磁选效果明显。

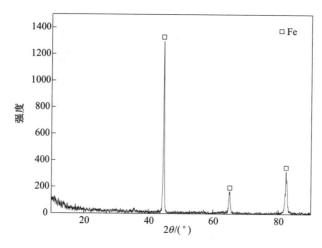

图 6-15　还原铁粉 XRD 图谱

表 6-5　还原铁粉分析结果

成分	Fe	Pt	Pd	Rh	SiO$_2$	Al$_2$O$_3$	CaO
含量/%	96.55	114.3/g·t^{-1}	30.7/g·t^{-1}	55.7/g·t^{-1}	1.05	<1	<1

6.1.4.6　酸浸试验

利用硫酸溶液浸出磁选铁精粉，贵金属富集在浸出渣中，试验条件为：浸出时间 4h、浸出温度 90℃、液固比 6∶1、搅拌速度 250r/min、硫酸浓度 30%，经过滤和洗涤，获得贵金属富集物。为实现进一步富集贵金属，采用加硫酸和双氧水氧化进一步浸出，试验条件为：浸出时间 2h、浸出温度 90℃、液固比 6∶1、搅拌速度 250r/min、硫酸浓度 30%、双氧水用量为富集物质量的 2 倍，最终获得贵金属富集物，其中，Pt 4285g/t、Pd 1151.25g/t、Rh 2038.2g/t。从原料到酸溶，铂、钯、铑富集比分别为 49.74、46.27、48.07，回收率分别为 98.16%、91.22%、97.35%。

通过试验研究，得到的结论如下：

（1）还原过程中在添加剂促进下，还原山来金属铁聚集长大并有效地捕集铂族金属；

（2）通过磨选，获得了含铂族金属的还原铁粉，实现了金属铁与脉石分离，为后续酸溶富集铂族金属奠定基础；

（3）通过酸溶，选择性浸出含铂族金属铁精分中的铁，得到铂族金属富集物，富集比较高。

总之，还原—磨选—酸浸法富集铂族金属的效果明显，提出的工艺路线是可行的。

6.2　废石化铂铼催化剂

废石化铂铼催化剂载体为三氧化二铝，从废催化剂中提取铂，有湿法和火法两种工艺，前者主要是选择性浸出铂，后者主要是熔炼，优先实现铂与载体分离。

6.2.1　废石化铂铼催化剂湿法提取技术

6.2.1.1　失效催化剂分析

原料来自石化炼油厂（见图6-16），采用荧光光谱仪（XRF）对铂铼失效催化剂进行分析，主要含有铝、硅、铁、镁、硫及少量的铂、铼等。根据定性分析，采用化学方法进行元素分析，得出含 Al_2O_3 96.58%、S 0.26%、Pt 1780g/t、Re 3600g/t。采用 XRD 对失效铂铼催化剂物料进行表征，结果如图6-17所示。从图6-17可以看出，物料中主要物相为 Al_2O_3。

图 6-16　铂铼失效催化剂照片

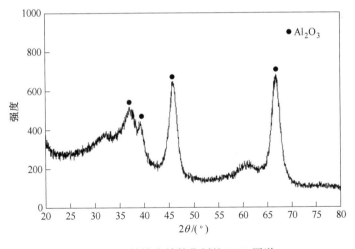

图 6-17　铂铼失效催化剂的 XRD 图谱

6.2.1.2　原理

采用硫酸加压浸出铼，分别得到浸出渣和浸出液，其中浸出液作为提铼的原料，浸出渣为提铂的原料。

6.2.1.3　条件浸出实验

A　初始硫酸浓度对铼浸出率及渣率的影响

在固定浸出温度 140℃ 、浸出时间 3h、氧压 5MPa、液固比 4∶1、搅拌速度 350r/min 条件下，考察了初始硫酸浓度对铼浸出率的影响，结果如图 6-18 所示。

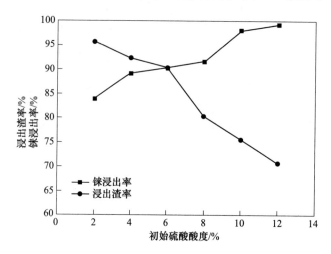

图 6-18　初始硫酸浓度对铼浸出率和渣率的影响

从图 6-18 可以看出，铼的浸出率随着初始硫酸浓度增加而提高，主要因为初始硫酸浓度提高，反应速度加快。当初始硫酸浓度为 2%，铼浸出率为 84.00%、浸出渣率为 95.70%；当初始硫酸浓度为 10%，铼浸出率为 98.11%、浸出渣率为 75.56%，进一步提高初始硫酸浓度到 12.00%，铼浸出率可达到 99.37%，与初始硫酸浓度 10% 比较，虽然铼浸出率仅提高 1.26%，但浸出渣率降低了 4.83%，即有 4.83% Al_2O_3 溶解。故确定初始硫酸浓度为 10% 较合理。

B　浸出温度对铼浸出率的影响

在固定浸出时间 3h、初始硫酸浓度 10%、氧压 5MPa、液固比 5∶1、搅拌速度 350r/min 条件下，考察浸出温度对铼浸出率的影响，结果如图 6-19 所示。

从图 6-19 以看出，铼浸出率随着浸出温度升高而提高，当浸出温度为 100℃，铼浸出率为 81.28%，在 100~140℃，温度对铼浸出率影响显著，浸出温度超过 140℃ 后，铼浸出率随着温度提高增加缓慢，当浸出温度为 150℃，铼的浸出率仅比浸出温度为 140℃ 提高了 0.67%。因此确定最佳浸出温度为 140℃ 。

C　浸出氧压对铼浸出率的影响

在固定浸出温度 140℃ 、浸出时间 3h、初始硫酸浓度 10%、液固比 4∶1、搅拌速度 350r/min 条件下，考察了浸出氧压对铼浸出率的影响，结果如图 6-20 所示。

从图 6-20 可以看出，在氧压 1~5MPa，铼浸出率随着氧压提高而呈直线上升，当氧压为 1MPa 时，铼浸出率达到 78.99%；当氧压为 5MPa 时，铼浸出率达到 98.11%，铼浸出

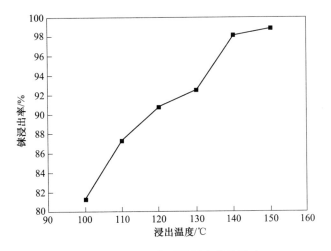

图 6-19　浸出温度对铼浸出率的影响

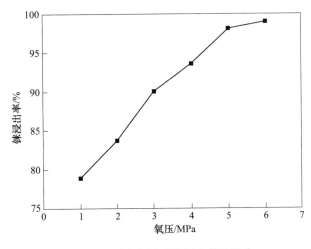

图 6-20　浸出氧压对铼浸出率的影响

率提高了 19.12%；当氧压超过 5MPa，铼浸出率提高缓慢，提高氧压达到 6MPa，铼浸出率达到了 99.05%，铼浸出率提高 0.94%。故确定适宜的氧压为 5MPa。

D　浸出时间对铼浸出率的影响

在固定浸出温度 140℃、氧压 5MPa、初始硫酸浓度 10%、液固比 4∶1、搅拌速度 350r/min 的条件下，考察了浸出时间对铼浸出率的影响，结果如图 6-21 所示。

由图 6-21 可知，浸出时间在 0.5~3h 范围内，铼浸出率随着浸出时间延长而提高且呈直线上升，当浸出时间为 1h，铜浸出率达到 75.17%；当浸出时间为 2h 时，铼浸出率较浸出时间为 1h 提高了 11.85 个百分点，说明浸出时间对铜浸出率影响明显；当浸出时间超过 3h，铼浸出率提高不明显，浸出时间为 3.5h，铼浸出率较浸出时间 3h 提高了 0.44 个百分点，生产延长浸出时间不仅增加能耗，而且降低设备处理效率。因此，确定适宜的浸出时间为 3.0h。

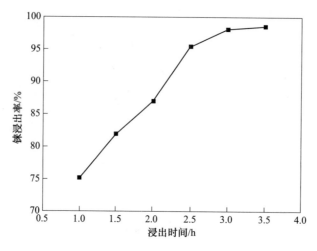

图 6-21　浸出时间对铼浸出率的影响

E　液固比对铼浸出率的影响

在固定浸出温度 140℃、氧压 5MPa、初始硫酸浓度 10%、浸出时间 3h、搅拌速度 350r/min 条件下，考察了液固比对铼浸出率的影响，结果如图 6-22 所示。

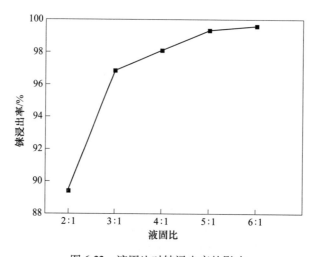

图 6-22　液固比对铼浸出率的影响

从图 6-22 可以看出，铼浸出率随着液固比增大逐渐提高，液固比小，浸出体系中黏度较大，浸出剂扩散速度慢。当液固比为 2∶1 时，铼浸出率为 89.44%，提高液固比为 3∶1 时，铼浸出率达到 96.87%，铼浸出率明显提高，当液固比超过 4∶1 时，铼浸出率提高不明显，且液固比增大，浸出液体积大，降低了浸出液铼含量，且后续提铼产生废液处理费用高，因此确定液固比为 4∶1。

6.2.1.4　浸出综合实验

由以上单因素浸出实验结果分析，可得到最优的浸出工艺条件：浸出温度 140℃、氧压 5MPa、初始硫酸浓度 10%、浸出时间 3h、搅拌速度 350r/min、液固比为 4∶1。按此条件下进行重复性实验，铼浸出率达到 98.15%、铂浸出率 83.12%，浸出渣率为 75.81%，该实验结果与条件实验结果吻合。为了防止铂的分散，选取加硫酸亚铁抑制铂进入浸出渣中，实验中硫酸亚铁加入量为失效铂铼催化剂质量比的 2%，铂的浸出率为 0.6%。浸出渣含 Al_2O_3 96.74%、S 0.31%、Pt 2346.81 g/t、Re 87.26g/t，采用 XRD 对浸出渣进行表征，结果如图 6-23 所示。从图 6-23 可以看出，浸出渣中物相为 Al_2O_3，与原料的衍射峰一致。浸出液中含铼 0.63g/L、铂小于 0.001g/L、铝 21.25g/L。

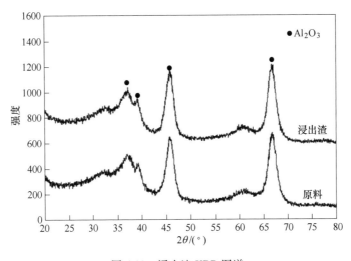

图 6-23　浸出渣 XRD 图谱

6.2.1.5　浸出渣提取铂

浸出渣含 Al_2O_3 96.74%、S 0.31%、Pt 2346.81g/t、Re 87.26g/t，采用氯酸钠加硫酸浸出铂，并加热到 80~95℃，浸出结束后，用板框过滤机进行液固分离，浸出渣加水按液固比 3∶1 洗涤两次后与浸出液混合，得到含铂的贵液；此时铂含量为 0.3~0.8g/L，需要加铁粉置换，经过滤和洗涤得到铂精矿，加王水溶解，再加热赶硝，得到高含量贵液，得到含铂贵液，加氯化铵反复沉淀便可得到高纯氯铂酸铵，经过干燥、煅烧，得到 99.99% 的海绵铂。

6.2.2　废石化铂铼催化剂火法提取技术

6.2.2.1　造锍捕集原理

石膏的主要成分为 $CaSO_4$，在高温条件下与 C 发生反应生成 CaS，CaS 与 FeO 发生反应生成 FeS（见式（6-16）、式（6-17））。造锍熔炼获得渣相和铁锍相，渣相由脉石矿物 SiO_2、Al_2O_3 和 CaO 组成，形成 $CaO-SiO_2-Al_2O_3$ 系渣，为熔融的硅酸盐玻璃体，铁锍相为 FeS。

$$CaSO_4 + 4C \Longrightarrow CaS + 4CO\uparrow \tag{6-16}$$

$$CaS + FeO \Longrightarrow FeS + CaO \tag{6-17}$$

利用热力学数据（见表6-6），计算式（6-16）和式（6-17）$\Delta G_T^{\ominus}$ 与 T 之间的关系如下：

式（6-16）：$\qquad\qquad \Delta G_T^{\ominus} = 515805 - 718.436T$

式（6-17）：$\qquad\qquad \Delta G_T^{\ominus} = 13428 - 17.197T$

表6-6　热力学数据

物质名称	CaSO$_4$	C	CaS	CO	FeO	FeS	CaO
$\Delta S_{298}^{\ominus}/ \text{J} \cdot \text{K}^{-1}$	105.228	5.732	56.484	197.527	60.752	60.291	39.748
$\Delta H_{298}^{\ominus}/\text{J}$	−1434108	0	−476139	−110541	−272044	−100416	−634294

根据上述的热力学反应式，可知反应式（6-16）和式（6-17）开始发生反应的温度分别为718K和781K，所以在1350℃的实验条件下，石膏、碳、铁磷可以造锍熔炼生成FeS。在造锍熔炼过程中，铂原子进入锍相而不进入渣相，实现了捕集。

6.2.2.2　试验方法及工艺流程

称取失效氧化铝载体铂铼催化剂，与石膏、铁磷、石英砂、焦炭、氟化钙、硼砂混匀进行造锍熔炼，分别得到铁锍、含铼富集物和熔炼渣；铁锍加稀酸选择性浸出铁，经过滤得到硫酸亚铁溶液和钯富集物；加盐酸和氯酸钠溶解钯富集物，经过滤得到含钯贵液；采用732阳离子树脂进行除铁，得到纯净的含钯溶液；加氯化铵沉淀钯，加稀氨水洗涤，便得到纯净氯铂酸铵；经烘干和煅烧得到钯粉；最后采用氢还原，得到高纯铂粉，工艺流程如图6-24所示。

6.2.2.3　捕集实验

在铁磷用量为原料质量的1.2倍、石膏加入量为原料质量的1.6倍、石英为失效催化剂的1倍、碳粉量为捕集剂质量比的30%、硼砂和氟化钙为失效催化剂质量比的20%、熔炼温度1350℃、熔炼时间为30min条件下，铂的回收率可增加至97.3%。熔炼得到的镍锍和熔炼渣采用XRD对其进行表征，结果如图6-25所示。

从图6-25中可以看出，镍锍的主要物相为FeS，与上述的反应原理一致。图中还出现了Fe的峰，Fe是由于部分FeO还原得到。

熔炼时，失效氧化铝载体铂铼催化剂与石膏、石英、碳粉、铁磷反应生成的$CaO\text{-}SiO_2\text{-}Al_2O_3$系渣，形成熔融的硅酸盐，有利于炉渣与合金相分离，快速冷却后的渣形成玻璃态。对最佳条件下所得渣进行了XRD分析，如图6-26所示。从图6-26中可以看出，渣中的主要物相为$Al_2O_3 \cdot SiO_2$、$3CaO \cdot SiO_2$、$3CaO \cdot Al_2O_3 \cdot 3SiO_2$。当失效氧化铝载体铂铼催化剂的量一定，$CaO/SiO_2$直接影响渣相的黏度和表面张力。造渣反应时，$SiO_2$与$O_2$反应生成四面体结构$SiO_4^{4-}$，即以硅氧络阴离子形态存在。若炉渣碱度低，$SiO_2$质量

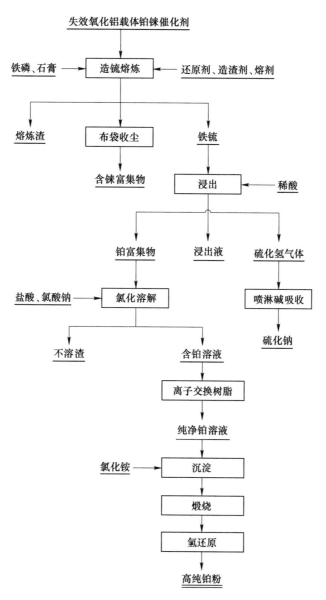

图 6-24　失效氧化铝载体铂铼催化剂提铂工艺流程

分数高，则会抑制 SiO_4^{4-} 的生成并促进 SiO_4^{4-} 聚合以满足 Si^{4+} 和 O^{2-} 的结合，生成长链网络体结构，使硅氧络阴离子的结构变复杂。硅氧络阴离子的结构越复杂（如 $Si_2O_7^{6-}$），离子半径越大，从而熔融炉渣的黏度越大，炉渣流动性变差，不利于合金与渣的分离。增加 CaO 可以使硅氧络阴离子结构变得简单，降低炉渣黏度，但如果 CaO 含量过高，渣相的碱度过高，自由 O^{2-} 数量的增加会抑制（SiO_4^{4-}）生成，生成高熔点的中间产物，导致渣的黏度升高，使得渣的流动性下降，不利于渣与合金的分离，导致铂回收率下降。因此石膏、石英用量越多，相反回收率还下降。所以石膏用量为原料量的 1.6 倍（见图 6-27），石英用量为原料量的 1 倍（见图 6-28）为最佳。

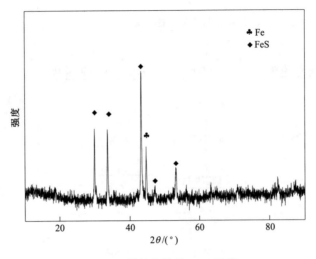

图 6-25　铁捕集物的 XRD 图谱

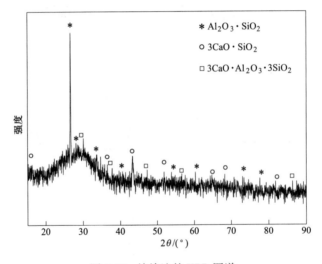

图 6-26　熔炼渣的 XRD 图谱

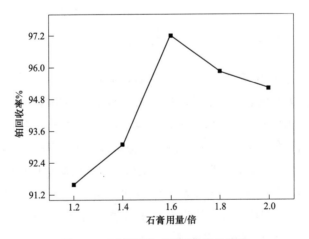

图 6-27　石膏用量对铂回收率的影响

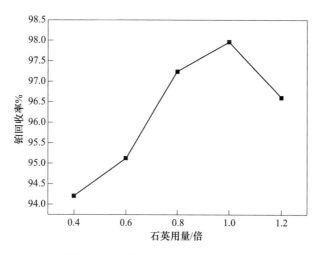

图 6-28 石英用量对铂回收率的影响

6.2.2.4 酸浸试验

根据铂族金属的耐腐蚀性，对铁捕集物采用硫酸浸出，化学反应方程如下：

$$FeS + H_2SO_4 \rule[0.5ex]{2em}{0.4pt} FeSO_4 + H_2S\uparrow \tag{6-18}$$

$$Fe + H_2SO_4 \rule[0.5ex]{2em}{0.4pt} FeSO_4 + H_2\uparrow \tag{6-19}$$

试验对熔炼铁捕集物进行水淬和粉碎后，采用硫酸选择性浸出捕集物中铁富集铂，浸出条件：硫酸浓度为 1.5mol/L、浸出温度为 70℃，浸出时间为 60min、液固比为 10:1、搅拌速度为 220r/min，浸出结束后，铁浸出率为 99.15%，得到铂族金属富集物，铂含量为 5.34%，富集倍数可以达到 30 倍。对铂族金属富集物进行了 XRD 分析，如图 6-29 所示。从图 6-29 可以看出，经过硫酸浸出后，富集物中主要物相为 Fe、FeS，少量物相为 PtS，说明浸出后 Pt 得到了有效富集，Fc 及 FeS 物相还存在，后续还可继续富集。

6.2.2.5 氯化溶解试验

富集物氯化溶解，溶解总酸度为 6mol/L，其中 6mol/L HCl、3mol/L H_2SO_4，液固比为 4:1，温度为 95~100℃，$NaClO_3$ 加入量为理论耗量的 2 倍，缓慢加入，氯化反应时间为 6h，快速过滤和洗涤，滤液颜色为红褐色，滤渣为均匀的灰色。铂的溶解率为 99.86%。经一次氯化溶解后，氯化渣中铂含量为 0.02%，返回造锍熔炼工序。

6.2.2.6 离子交换试验

获得的含铂贵液含铁及少量镍、铜等微量金属离子，不能直接进行氯化铵沉淀铂得到氯铂酸铵，否则杂质会超标，需要进行离子交换脱出。试验采用 732 阳离子树脂交换除去，具体过程为：732 阳离子树脂经预处理装入交换柱中，然后贵液加碱调节 pH 值为 1~

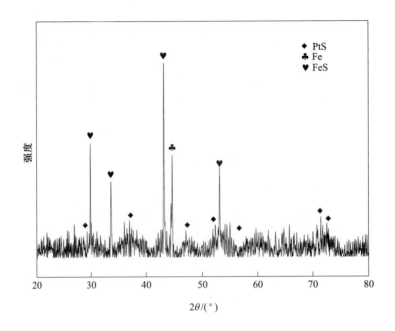

图 6-29　富集物 XRD 图谱

1.5，把调节好的贵液通过泵打入交换柱中，控制交换速度为 20~25mL/min。当阳离子树脂交换容量达到饱和时，用 10% 的盐酸进行解吸，加去离子水洗涤离子交换树脂，最后树脂再生。获得交换贵液加热浓缩，控制铂在 20g/L 以上。

6.2.2.7　氯化铵沉淀试验

氯化铵沉淀铂适于处理成分不很复杂的物料。由于这种精炼工艺设备简单、操作容易、作业周期短，故在回收部门应用较广。该工艺不但可除去料液中的普通金属杂质，而且还能除去部分贵金属杂质。在用氯化铵沉淀铂氯络离子时，铂最易反应，铑、铱次之，钯又更次之，而普通金属氯化物则不能沉淀。

获得含铂 20g/L 以上的溶液，采用氯化铵沉淀，此时生成 $(NH_4)_2PtCl_6$ 淡黄色沉淀，经吸滤和氨水洗涤后，得到氯铂酸铵。该法一方面可以得到选择性沉铂，另一方面可再次提纯铂，较采用水合肼等还原剂还原，纯度可以较大幅度提高。

$$H_2PtCl + 2NH_4Cl \Longrightarrow (NH_4)_2PtCl_6 + 2HCl \qquad (6-20)$$

6.2.2.8　高纯铂粉制备

将氯铂酸铵沉淀物干燥并在 750℃下煅烧得海绵铂，再进行氢还原，得到高纯铂粉。

$$3(NH_4)_2PtCl_6 \xrightarrow{\triangle} 3Pt + 16HCl + 2NH_4Cl + 2N_2 \qquad (6-21)$$

6.3 废石化钯催化剂

6.3.1 废石化钯催化剂湿法提取技术

6.3.1.1 废石化钯催化剂的原料和物相

废氧化铝载体钯催化剂（见图6-30）原料呈暗灰色、白色的球状。

图6-30 废氧化铝载体钯催化剂

采用 XRD 分析对废氧化铝载体钯催化剂和熔炼的镍锍原料进行物相检测分析，结果如图6-31所示。从图6-31可以看出，废氧化铝载体钯催化剂中物相主要为 Al_2O_3，未见钯单质及其化合物。

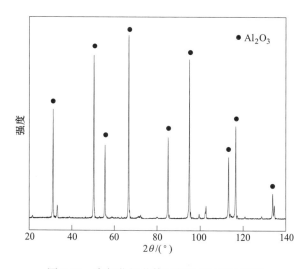

图6-31 废氧化铝载体钯催化剂 XRD 图谱

6.3.1.2　失效氧化铝载体钯催化剂预处理

采用湿法从失效氧化铝载体催化剂提取钯，需要焙烧脱出废催化剂中有机物和残碳，对提高钯浸出率较为重要。以下为不同温度焙烧对催化剂失重率的影响。

A　固定焙烧温度下

固定焙烧温度200℃，不同焙烧时间对废催化剂失重率的影响如图6-32所示。由图6-32可知，在T=200℃下焙烧时，在焙烧2h后，失重率为1.35%；焙烧2.5h后，失重率为2.62%；焙烧3h后，失重率为2.62%。由此可看出焙烧2.5h后达到平衡，在200℃焙烧下，焙烧最佳时间为2.5h，失重率随焙烧的时间的升高逐渐处于平缓，最后达到平衡状态。

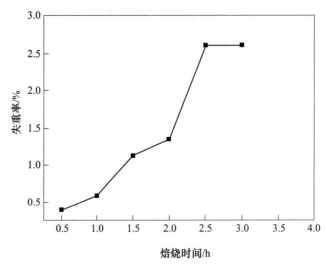

图6-32　200℃下焙烧时间对失重率的影响

固定焙烧温度300℃，不同焙烧时间对废催化剂失重率的影响如图6-33所示。在300℃下焙烧时，在焙烧2h后，失重率为3.63%；焙烧2.5h后，失重率为5.13%；焙烧3h后，失重率为5.24%。由此可看出焙烧2.5h后将近达到平衡，因此300℃焙烧下，焙烧最佳时间为3h，失重率随焙烧的时间的升高逐渐达到平缓。

固定焙烧温度400℃，不同焙烧时间对废催化剂失重率的影响如图6-34所示。在400℃下焙烧时，在焙烧1.5h后，失重率为2.39%；焙烧2h后，失重率为3.73%；焙烧2.5h后，失重率为4.7%。由此可看出焙烧2.5h后将近达到平衡，因此400℃焙烧下，焙烧最佳时间为2.5h，失重率随焙烧的时间的升高逐渐平缓，最后达到平衡状态。

固定焙烧温度500℃，不同焙烧时间对废催化剂失重率的影响如图6-35所示。在500℃下焙烧时，焙烧2h，失重率为5.01%；焙烧2.5h后，失重率为5.01%。由此可看出焙烧2~2.5h达到平衡，而2.5h后失重率随焙烧的时间又缓慢升高。

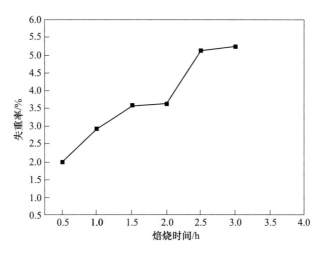

图 6-33 300℃下焙烧时间对失重率的影响

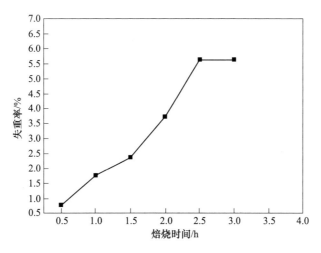

图 6-34 400℃下焙烧时间对失重率的影响

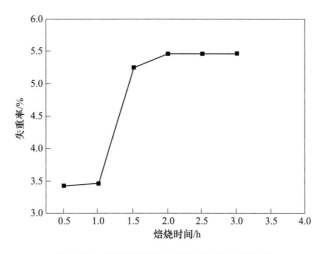

图 6-35 500℃下焙烧时间对失重率的影响

固定焙烧温度 600℃，不同焙烧时间对废催化剂失重率的影响如图 6-36 所示。在 600℃下焙烧时，焙烧时间为 0.5~1.5h 的失重率持续上升，到 2h 后达到平衡，因此可以看出在 600℃焙烧下，焙烧最佳时间为 2h。

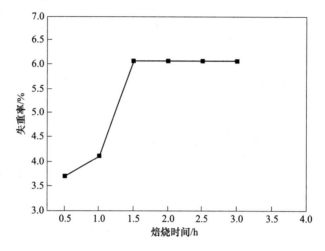

图 6-36　600℃下焙烧时间对失重率的影响

B　固定焙烧时间下

固定焙烧时间，不同焙烧温度对废催化剂失重率的影响如图 6-37 所示。当焙烧时间达到 3h 时，失重率随温度的升高而增加。

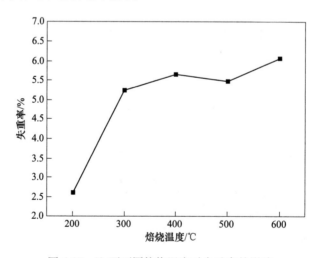

图 6-37　3h 下不同焙烧温度对失重率的影响

6.3.1.3　湿法提取钯的结果

一般从失效氧化铝载体钯催化剂中提取钯，主要采用酸性氧化浸出，如采用王水、氯酸钠等。其中氯酸钠浸出主要研究氯酸钠用量、盐酸浓度、液固比、浸出时间、浸出温度对钯浸出率影响显著。通过研究，得到了最佳的浸出工艺参数：氯酸钠用量为废催化剂质量比的 20%～50%、液固比为 4∶1、盐酸浓度为 10%～20%、浸出温度为 65～95℃、浸出时间为 1.0～1.5h。在此条件下，钯的浸出率达到了 97.00%。

浸出结束后得到浸出液，钯含量低且含杂质多，不宜直接萃取或氯化沉淀，需要加活性金属置换得到钯精矿。一般采用王水溶解或酸性条件下加氯酸钠得到高浓度钯液，此时用离子交换脱出贱金属，获得纯净的钯液；再采用氯化铵沉淀、还原或煅烧，均可得到钯粉。

6.3.2　废石化钯催化剂火湿联合法提取技术

6.3.2.1　技术原理

废氧化铝载体钯催化剂与加入硫酸镍、还原剂、造渣剂、熔剂等，在高温下熔炼，生成镍锍和熔渣。由于熔渣与镍锍存在密度差异，镍锍的密度比捕集渣的密度大，从而沉入底部，达到镍锍与捕集渣良好分离。镍锍的主要成分为 Ni_3S_2，在硫酸体系下，Ni_3S_2 与氧化剂反应，镍进入浸出液中，经过滤和洗涤得到钯富集物。

6.3.2.2　废石化钯催化剂火湿联合法提取结果

熔炼捕集工艺条件为：控制硫酸镍量为原料质量的 3.6 倍、石英砂的 1.2 倍、碳酸钠的 1.0 倍、石灰的 1.0 倍、氟化钙的 0.8 倍、硼砂的 0.8 倍、木炭的 0.4 倍，熔炼 30min。在此条件下，钯的捕集率最高可达 99.49%，镍锍主要物相为 Ni_3S_2，捕集渣相主要为 $Na_2O\text{-}Al_2O_3\text{-}4SiO_2$。

采用 XRD 对镍锍和熔渣分析，结果分别如图 6-38 和图 6-39 所示。可以看出，锍相的主要物相是 Ni_3S_2。通过熔炼以后得到的捕集渣中的物相为 $Na_2O \cdot Al_2O_3 \cdot 4SiO_2$ 和 $CaO \cdot Al_2O_3 \cdot 2SiO_2$。

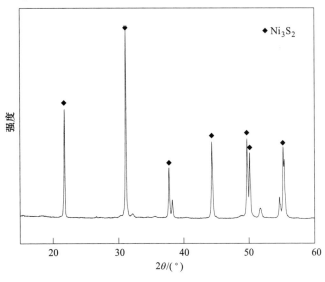

图 6-38　锍相的 XRD 图谱

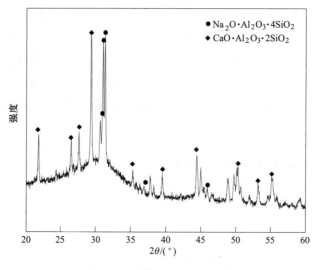

图 6-39　捕集渣的 XRD 图谱

湿法富集最佳工艺条件为：温度 90℃、粒度 0.121~0.147mm（100~120 目）、液固比 4∶1、浸出时间 60min、硫酸浓度 40%、过硫酸铵用量为镍锍的 1.2~1.5 倍。在此条件下，钯富集效果最佳可达 5.78 倍，富集渣主要物相为 Ni_3S_2。

6.4　废精细化工催化剂

6.4.1　废炭催化剂

6.4.1.1　医药失效废钯炭催化剂的原料分析

医药失效废钯炭催化剂（见图 6-40）用于苯甲酸加氢反应，该类钯炭催化剂在装置上

图 6-40　医药失效废钯炭催化剂照片

达到使用寿命、钯晶粒长大及被杂质污染失去活性后报废。经取样分析，原料中钯含量为4300g/t、碳含量为99%，其余为含铁、硅、铜、镁、钙、铅、硫等元素的灰分，分析结果见表6-7。焙烧磨细后的照片如图6-41所示。

表6-7 医药失效废钯炭催化剂成分分析

成分	Pd	C	灰分
含量/%	0.43	99	0.57

图6-41 经过氧化焙烧获得烧灰照片

6.4.1.2 试验采用的技术方案

废钯炭催化剂在焚烧过程中，10nm左右的钯晶粒是很轻的粉状物质，与灰尘随气流带走，造成钯的损失，影响回收率。然而废钯炭催化剂的比表面积较大，具有极强的吸附能力和团聚倾向，所以在焚烧过程中，通过补加废钯炭催化剂控制床层的厚度，使随焚烧气流带出来的细粒钯和烧渣被床层上部的废钯炭催化剂吸附，最后，烧渣在焚烧炉下部的铁丝网上得到富集。整个焚烧过程没有产生明火。钯炭焚烧渣中部分钯在高温下被氧化，必须还原后才能溶解造液。

6.4.1.3 试验过程

采用医药失效废钯炭催化剂回收钯工艺流程如图6-42所示。主要包括原料焚烧、氯化溶解、精炼提纯三个部分。

（1）原料焚烧。在空气中焚烧医药失效钯炭催化剂，焚烧烟气经旋风收尘—水幕收尘后排放。

（2）氯化溶解。通过溶解、沉淀置换、再次溶解实现对钯的富集，溶解过程产生的废气（HCl、H_2O）中90%可以通过冷凝系统回收再利用，剩余部分再通过废气处理系统完全吸收，实现废气趋近零排放。处理废气所用的材料失效后，可作为添加剂再次利用。具

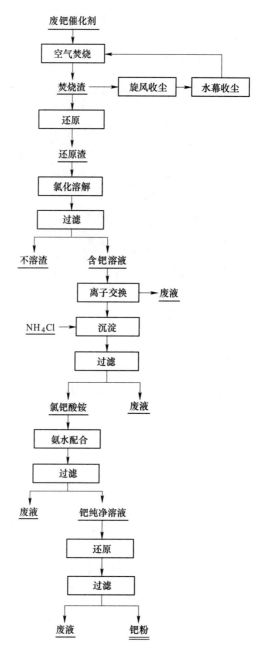

图 6-42　医药失效钯碳催化剂回收钯的工艺流程

体工艺流程如下所示：

1) 溶解。将盐酸、双氧水、废催化剂放置于 200L 反应釜溶解器中，调整固液比
1∶5，通电加热观察固体溶解的情况，当反应稳定后调高加热器功率，直到溶液温度达到
90℃停止电加热，保温反应 4h。

2) 过滤。将溶解液输送到离心机进行固液分离，过滤后浸出溶液放置于中间槽，通
过泵将滤液输送到反应釜，滤渣进行二次溶解。

3）浓缩。将置换渣溶解后的高浓度贵金属溶液转入反应釜中浓缩至贵金属浓度为 40~50g/L，便得到高浓度贵金属溶液，转入精炼制备单元。

4）喷淋吸收。溶解和浓缩过程中产生的酸性气体通过碱喷淋装置喷淋吸收，达标后通过 20m 高的排气筒排放。

（3）钯精炼提纯。钯精炼提纯的具体工艺流程如下：

1）沉钯。采用离子交换脱出贱金属，获得含钯溶液，加热浓缩，控制溶液含钯 40~50g/L，室温下通入氯气约为 5min，而后按理论量和保证溶液中有 10% 的 NH_4Cl 浓度计算加入固体 NH_4Cl，继续通入氯气直至溶液中的钯完全沉淀为止。一般需持续时间约为 30min，沉淀完毕即过滤，并用 17% 氯化铵溶液（经通入氯气饱和）洗涤。

2）氨水配合。将沉淀得到的 $(NH_4)_2PdCl_6$ 加水浆化，边搅拌边缓慢加入氨水，调整溶液 pH 值为 8~9，加热煮沸，让钯与氨形成二氯四氨络亚钯溶液，与部分杂质分离。

3）还原。用还原剂缓慢加入钯配合溶液还原。

4）烘干。将海绵钯置入瓷钵，在 120~150℃ 烘干 8h，冷却后包装。

6.4.2 废铑催化剂

6.4.2.1 试验原理

在 912~1394℃，由铁-碳相图（见图 6-43）可知，金属铁为 γ-铁，为面心立方晶格，与铂族金属具有相似的晶格结构，由铁-铑合金相图（见图 6-44）可知，在此温度间金属铁与铑形成连续的 γ 固溶体合金，因此金属铁在还原过程中，能有效地捕集铂族金属铑。基于此，提出还原—磨选—酸浸富集废催化剂铑的技术路线。

利用铁氧化物配炭粉优先还原的特点，控制还原温度，使铁氧化物被还原为金属铁，还原矿再经磁选分离，最终得到含铑的铁基合金粉末。

用煤粉还原铁矿过程中可能发生的反应如下：

$$C + CO_2 \Longrightarrow 2CO$$

$$\Delta G^{\ominus}(J/mol) = 170707 - 174.47T \tag{6-22}$$

$$3Fe_2O_3 + CO \Longrightarrow 2Fe_3O_4 + CO_2$$

$$\Delta G^{\ominus}(J/mol) = -32970 - 53.85T \tag{6-23}$$

$$Fe_3O_4 + CO \Longrightarrow 3FeO + CO_2$$

$$\Delta G^{\ominus}(J/mol) = 31500 - 37.06T \tag{6-24}$$

$$FeO + CO \Longrightarrow Fe + CO_2$$

$$\Delta G^{\ominus}(J/mol) = -13175 + 17.24T \tag{6-25}$$

6.4.2.2 试验原料

有机铑废液由某单位提供，废液中含铑 0.8g/L。铁矿中含铁量为 58.71%，利用 XRD 分析了铁矿的物相组成，如图 6-45 所示，可以看出，该铁矿主要物相为 Fe_3O_4、Fe_2O_3 和 SiO_2。

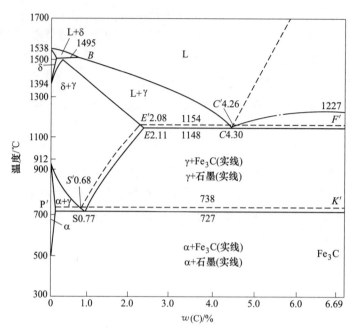

图 6-43　铁-碳合金相图

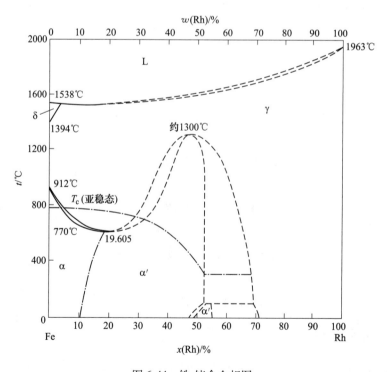

图 6-44　铁-铑合金相图

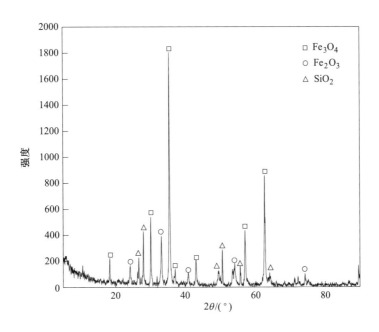

图 6-45 铁矿的 XRD 图谱

6.4.2.3 试验方法

试验考查了还原温度、还原时间、还原剂用量及添加剂用量对金属化率的影响，以及球磨时间、磁选强度对金属铁品位、回收率和铑回收率的影响。量取一定失效有机铑废液，按实验要求加入铁矿、煤粉和添加剂混匀，制成直径为 10mm 的球团，烘干，在还原炉内还原，还原结束后，进行磨选，得到含铑铁精粉和尾矿。

6.4.2.4 试验结果

通过试验研究，确定了还原—磨选法富集铂族金属铑最佳工艺条件为：还原温度 1200℃、还原时间 6h、添加剂配比为铁矿的 10%、煤粉配比为铁矿的 5%、球磨时间 45min、磁场强度 1600Oe（1Oe = 80A/m）。该工艺下还原—磨选法富集铂族金属铑的效果明显，金属铁可以有效地捕集铑，得到铁精粉品位为 88.67%，回收率为 92.74%，铑回收率为 92.08%。还原—磨选得到的含铑铁精粉，主要物相为铁和铑（见图 6-46），除去了大部分脉石，磁选效果明显。

6.4.3 废钌催化剂

废 ZrO_2 载体钌催化剂回收钌的工艺路线为：含 Ru 废催化剂→洗涤、干燥→碱熔→沸水浸渍→氧化蒸馏生成→RuO_4→盐酸吸收→$RuCl_3$ 盐酸溶液→减压蒸馏、常压蒸干即得到

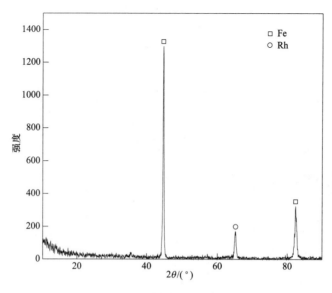

图 6-46　铁精粉 XRD 图谱

β-$RuCl_3 \cdot x H_2O$ 晶体。主要反应如下：

碱熔：

$$Ru + 6KNO_3 + 2KOH = K_2RuO_4 + 3K_2O + H_2O + 6NO_2 \uparrow \quad (6-26)$$

氧化蒸馏：

$$K_2RuO_4 + NaClO + H_2SO_4 = NaCl + K_2SO_4 + H_2O + RuO_4 \uparrow \quad (6-27)$$

吸收：

$$2RuO_4 + 16HCl = 2RuCl_3 + 8H_2O + 5Cl_2 \uparrow \quad (6-28)$$

采用 KNO_3/KOH 作碱熔剂，分别过量 150%，采取分层碱熔方式，程序升温至 650℃，恒温 3h 最佳氧化蒸馏条件为：采用 HCl+MnO_2 作氧化剂、控制蒸馏真空压力为 0.06～0.08MPa、蒸馏温度保持在 75℃为宜，钌回收率一般可以达到 90%以上。如含钌量较多，经过 HF 酸浸渍后，采用下述回收条件：碱熔升温方式调整为直接升温、温度由 650℃降低至 360℃、碱熔配比 KOH∶Ru∶KNO_3＝3∶1∶15～3∶1∶20。按照此回收条件，钌回收率可达到 94%。

6.5　废燃料电池铂催化剂

6.5.1　含氟燃料电池失效铂催化剂

含氟燃料电池失效铂催化剂（见图 6-47）是一种较难经济有效提取铂的二次资源，虽然铂含量为 2%～3%，但难于从失效催化剂中提取铂，其原因为含氟较高，氟含量达到 8%～15%。传统的氧化焙烧可以很好地脱出氟并使铂得到有效富集，但存在氟腐蚀设备严重，如用硅碳棒或硅钼棒加热，不仅对加热元件腐蚀，对周边耐火材料同样腐蚀，铂损失严重；湿法处理存在氟化氢腐蚀反应容器及设备等，且脱氟的效率也不高。

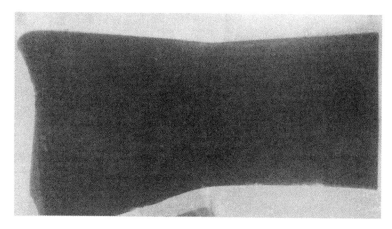

图 6-47　含氟燃料电池失效铂催化剂照片

6.5.2　含氟燃料电池失效铂催化剂富集铂的工艺流程

由于含氟燃料电池失效铂催化剂中含氟较高，为了避免湿法提取铂过程中氟挥发造成的腐蚀及废水处理困难等问题，提出了含氟燃料电池失效铂催化剂与配入固氟剂、造渣剂、还原剂等还原，经造球、烘干、还原熔炼捕集铂，使铂进入合金中，而氟进入渣中得到固化；含铂合金采用酸溶选择性浸出铁，得到铂富集物。氟燃料电池失效铂催化剂富集铂的工艺流程如图 6-48 所示。

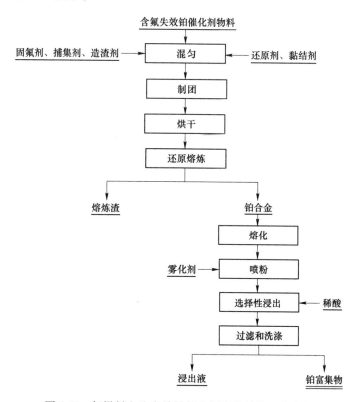

图 6-48　氟燃料电池失效铂催化剂富集铂的工艺流程

处理工艺为：固氟剂加入量为含氟失效铂催化剂质量比的 0.4 倍，铂捕集剂铁红加入量为含氟失效铂催化剂质量比的 0.5 倍，造渣剂为石灰和石英，其加入量分别为含氟失效铂催化剂质量比的 10% 和 15%，还原剂加入量为含氟失效铂催化剂质量比的 10%，黏结剂水玻璃加入量为含氟失效铂催化剂质量比的 0.5%，混匀后采用成球机制成 5cm 球团，烘干后采用电弧炉在 1350℃ 熔炼 1.5h，获得铂合金和熔炼渣，熔炼过程中氟进入渣中；获得的铂合金采用中频炉熔化，用水和氮气雾化喷粉，形成细小铂合金微粒；用 10% 的稀硫酸选择性浸出铂合金微粒中的铁，经过过滤和洗涤，获得铂富集物，即为铂精矿。从原料到铂精矿，其含铂为 33.25%，铂富集比达到 28.41 倍，铂收率为 99.20%。

6.6　典型废铂族金属合金

6.6.1　玻璃纤维工业废料

玻璃纤维具有耐高温、耐腐蚀和阻燃等优良特点，被广泛应用于建筑、交通、信息和电子等多个领域。在玻璃纤维工艺中，金属铂、铑主要用于熔制玻璃、漏板和坩埚等。由于长时间处于高温条件下，漏板中的铂、铑被氧化成铂和铑的氧化物挥发，从而渗透在一些耐火砖中。与一次资源相比，玻纤池窑中的废耐火浇注料中铂和铑含量高，若随意丢弃，不仅会影响环境，而且会造成资源的极大浪费。因此，无论从环境保护，还是从资源充分利用的角度出发，回收提取废耐火浇注料中的铂和铑都是非常有意义的。从玻璃纤维工业废料提取铂和铑的方法如下：

（1）选矿法。选矿法作为一种物理方法，有节约能源、防止环境污染、降低回收成本等优点。使用选矿法回收废耐火砖中的贵金属，其原理是利用铂铑合金的密度远大于耐火砖中硅酸盐和铝酸盐的密度。采用选矿法回收废耐火砖中的铂、铑，浮选之后得到含铂 500kg/t 左右的精矿可直接使用盐酸进行浸出，铂、铑回收率为 93.72%。

选矿法虽然具有方法简单、流程易于掌握等优势，但尾矿中金属铂、铑的含量仍含有 80g/t 左右，仍需要进行后续的尾矿处理，进而导致成本增加。重选虽然可以在一定程度上富集金属，但不能作为终端处理工艺，无法从根本上解决贵金属高效回收的问题。

（2）铁富集法。在废耐火砖中配入适量的熔剂和贱金属捕集剂，高温下还原贱金属并与捕集的铂和铑形成合金，由于渣相与合金相在密度、黏度和表面张力等物理性质方面有非常明显的差异，使渣相易与合金相分离，以便捕集贵金属。自然界中有较多数量的铂和铑与铁共生矿，高温下易形成共熔体且金属铂、铑具有较强的亲铁性，因此选择铁作为捕集剂是较好的选择。但是，铁富集法在处理过程中产生的渣量大，而且渣中残存的金属铂、铑一般约为 7g/t，如果继续处理，经济价值不大，如果不再处理，又弃之可惜。另外，所得铁矿含碳量高，给后续处理带来困难，因此，虽然铁富集法回收率可达 95% 左右，但其仍不能作为最优方法。

（3）王水溶解法。王水溶解法在很长一段时间内都是用于提取铂族金属最广泛的方法，该方法设备简单、易于操作、工艺流程较短、经济效益好。但是，其也存在不足之处，一方面是王水酸度过高、操作环境差，溶解过程中会有硅胶生成，难以处理；另一方面是弃渣中也会含有 30~68g/t 的铂、铑金属残留，造成金属的损失。

（4）碱熔融法。1966 年，上海耀华玻璃厂研究出氢氧化钠熔融法，并不断在实验室内通过研究改进工艺路径。其间通过碱与废耐火砖中的 Al_2O_3 和 SiO_2 反应生成溶解性好的钠盐，而金属铂、铑不与其发生反应，从而将贵金属从废耐火砖中提取出来。经过后续的不断研究，人们采用碳酸钠作为熔剂，形成碳酸钠烧熔→球磨→酸浸→铝置换的方法从耐火砖中回收铂、铑的典型回收工艺。

碱熔融法是目前使用最为广泛的从玻瑞纤维工业的废耐火砖中回收金属铂和铑的技术，具有回收率高和废液可无污染排放的特点。但是，提纯过程中需要使用酸溶解硅、铝氧化物，会产生胶状物，难以进行后续固-液分离操作，反应过程中试剂消耗量大，处理周期长。

（5）选冶联合法。湿法的王水溶解法和火法的金属捕集、碱熔融法通常适用于铂铑含量比较低的废耐火砖，若金属铂铑的含量较大时，湿法处理或火法处理都不是最佳方式，而采用选冶联合技术从铂铑含量较高的玻纤浇注料中回收铂和铑。首先是选矿部分，根据密度的不同，将铂和铑从磨细的物料中富集起来，直接对富集的铂铑精矿进行精炼处理，而低品位的尾矿则需要再进行处理。其次是冶金提取部分，采用金属捕集的方式回收尾矿中的金属铂和铑，选用低熔点的 $NaO-Al_2O_3-SiO_2$ 体系进行熔炼富集，氧化铅作为捕集剂，用量为原料的 1~2 倍，焦炭粉作为还原剂，硼砂、纯碱和玻璃粉作为造渣剂在 1200℃ 反应 1h，最终回收金属铂。

6.6.2 涂钌废阳极

6.6.2.1 试验物料

试验采用的实验物料是工业生产中失效的涂钌镍阳极网，原料呈现细丝网状，阳极网表面有一层含钌涂层，自然光下呈黑色，如图 6-49 所示。失效涂钌镍阳极网 XRD 表征结果如图 6-50 所示，从图中看出物料主要物相为 Ni。

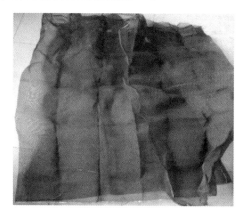

图 6-49 失效涂钌镍阳极网

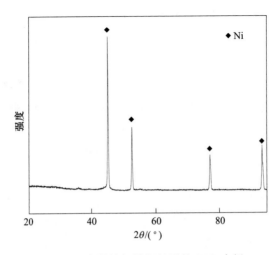

图 6-50 失效涂钌镍阳极网的 XRD 表征

6.6.2.2 试验研究方法及工艺流程

试验采用硫酸浸泡和盐酸浸泡的方法浸泡镍阳极网，对镍阳极网上的含钌涂层进行剥离。基于钌不与硫酸和盐酸反应，而镍作为含钌涂层的载体是可以与盐酸或者硫酸发生反应的，通过长时间的浸泡或者引入超声波，硫酸溶液或盐酸溶液能够渗入含钌涂层里与镍接触，然后随着镍与硫酸或盐酸反应的进行，可以将镍阳极网上的含钌涂层剥离，从而达到对镍阳极网上金属钌剥离、富集、回收的目的，工艺流程如图 6-51 所示。

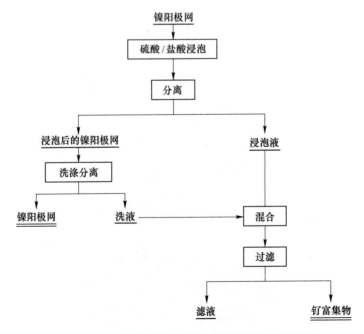

图 6-51 湿法剥离镍阳极网上含钌涂层的工艺流程

6.6.2.3　硫酸介质剥离结果与分析

通过固定硫酸浓度为6%，改变浸泡时间，得出浸泡时间对镍阳极网上钌相对剥离率的影响如图6-52所示。

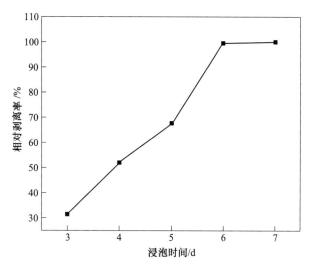

图6-52　硫酸浸泡下浸泡时间对镍阳极网上钌相对剥离率的影响

由图6-52可以看出，镍阳极网上含钌涂层的相对剥离率随着浸泡时间的增加先提高后保持不变。在浸泡时间达到6天时，钌相对剥离率高达99.49%，继续增加浸泡时间，钌的相对剥离率保持在99%以上，无明显变化。考虑缩短工艺周期的因素，确定浸泡最佳时间为6天。

固定浸泡时间为6天，不同硫酸浓度对镍阳极网上钌相对剥离率的影响如图6-53所示。

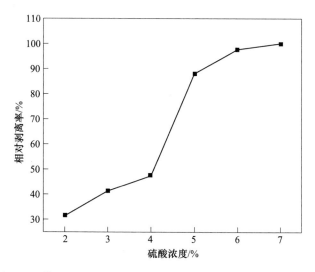

图6-53　传统浸泡中硫酸浓度对镍阳极网上钌相对剥离率的影响

由图 6-53 可知，镍阳极网上钌相对剥离率随硫酸浓度增加而提高，当硫酸浓度由 2%增加到 6%这一阶段，相对剥离率由 31.29%提高到 97.76%的高水平。继续增加硫酸浓度为 7%，相对剥离率增加 2.24%，小于硫酸浓度为 5%~6%所增加的 9.68%。考虑到节约生产回收成本，因此确定适宜的硫酸浓度为 6%。

6.6.2.4　超声波辐射时间和引入超声波后硫酸浓度对钌相对剥离率的影响

在引入超声波后，将硫酸浓度固定为 6%，超声波辐射时间对镍阳极网上钌相对剥离率的影响如图 6-54 所示。

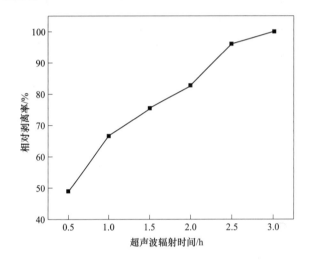

图 6-54　超声波辐射时间对镍阳极网上钌相对剥离率的影响

由图 6-54 可以看出，镍阳极网上钌相对剥离率随超声波辐射时间的增加而增加。当超声波辐射时间到达 2.5h 时，相对剥离率达到 96.15%，继续增加超声波辐射时间，相对剥离率的增幅不足 4 个百分点，而 2~2.5h 相对剥离率增加了 13.44%，相比之下，在 2.5h 后继续增加超声波辐射时间，相对剥离率增幅较低。因此考虑减小能耗、节约成本，适宜的超声波辐射时间为 2.5h。

在引入超声波后，控制超声波辐射时间为 2h，不同硫酸浓度对镍阳极网上钌相对剥离率的影响如图 6-55 所示。

由图 6-55 可以看出，在引入超声波后，镍阳极网上钌相对剥离率随硫酸浓度的增加而增加，其中在硫酸浓度由 8%增加到 10%时，相对剥离率增加了 25%以上，继续增加硫酸浓度为 12%，钌相对剥离率增加量不足 3%。考虑到回收工业中节约成本的因素，得出引入超声波后，最佳硫酸浓度为 10%，此时相对剥离率达 97.02%。

6.6.2.5　盐酸介质剥离结果与分析

引入超声波后，固定超声波辐射时间为 2h，不同盐酸浓度对镍阳极网上钌相对剥离率的影响如图 6-56 所示。

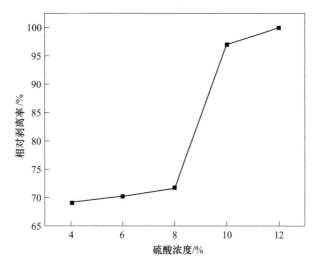

图 6-55　引入超声波后硫酸浓度对镍阳极网上钌相对剥离率的影响

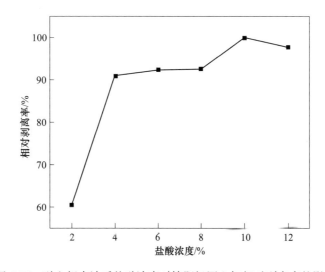

图 6-56　引入超声波后盐酸浓度对镍阳极网上钌相对剥离率的影响

由图 6-56 可以看出，增加盐酸浓度后，镍阳极网上钌相对剥离率整体上依然呈现上升的趋势，当盐酸浓度为 10% 时，钌的相对剥离率达到了该组实验的最大值。往后增加盐酸浓度为 12%，钌的相对剥离率较盐酸浓度为 10% 时的相对剥离率降低了 2.28%。原因是在抽滤时一些较小的镍丝进入富集物中，富集物质量被增加，计算得出的相对剥离率偏大。考虑节约生产成本的因素，引入超声波后，适宜的盐酸浓度为 10%，相对剥离率不低于 97%。

固定浸泡时间为 48h，改变盐酸浓度，研究盐酸浓度对镍阳极网上钌相对剥离率的影响，其结果如图 6-57 所示。

由图 6-57 可以看出，增加盐酸浓度，镍阳极网上钌相对剥离率呈现随盐酸浓度增加

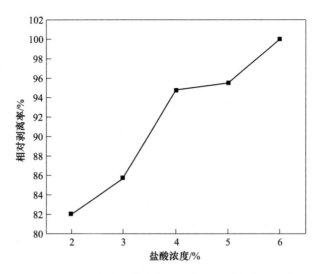

图 6-57 盐酸浓度对镍阳极网上钌相对剥离率的影响

而增加的趋势。当盐酸浓度由 2% 增加到 6% 时，钌相对剥离率由 82% 左右增加到 99% 以上，且盐酸浓度为 4%~5% 时的相对剥离率的增长幅度远小于 5%~6% 的增长幅度。当盐酸浓度为 6% 时，钌相对剥离率达 99% 以上，继续提升的幅度很小，且继续增加盐酸浓度不利于节约成本。因此综合考虑，传统浸泡中适宜的盐酸浓度为 6%，此时相对剥离率达到了 99% 以上的高水平。

在不引入超声波，控制盐酸浓度为 4% 的情况下，研究浸泡时间对镍阳极网上钌相对剥离率的影响，其研究结果如图 6-58 所示。

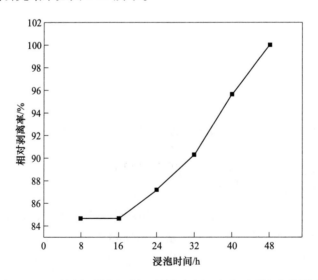

图 6-58 盐酸浸泡下浸泡时间对镍阳极网上钌相对剥离率的影响

由图 6-58 可以看出，在不引入超声波辐射和固定盐酸浓度的情况下，增加浸泡时间，镍阳极网上钌相对剥离率随浸泡时间的增加而增大，总体呈现上升趋势。当浸泡时间从 8h

增加到 48h，钌相对剥离率由 84% 左右增加到 99% 以上。考虑到 48h 时钌相对剥离率达 99% 以上，继续提升的空间不足 1%，若继续增加浸泡时间，则不利于缩短工艺周期，对此进行综合考虑，得到适宜的浸泡时间为 48h。

6.6.2.6　富集物的 XRD 物相分析

硫酸介质富集物的 XRD 分析结果如图 6-59 所示，可以看出，硫酸介质富集物的主要物相是 C、RuO_2 和 Ru。

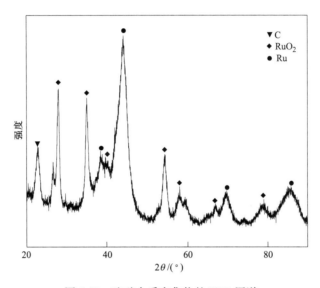

图 6-59　硫酸介质富集物的 XRD 图谱

盐酸介质富集物的 XRD 图谱如图 6-60 所示，从图 6-60 得出，盐酸介质富集物的主要物相为 Ru 和 RuO_2。

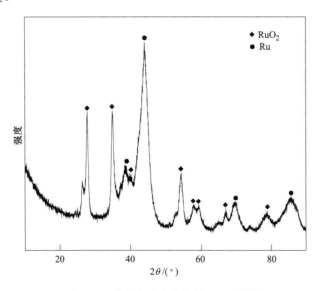

图 6-60　盐酸介质富集物的 XRD 图谱

对比分析两种不同剥离介质得到的富集物 XRD 射线衍射图，发现两种富集物的 XRD 图谱具有 90% 以上的相似度，且主要物相里都有 Ru 和 RuO_2。理论上两种富集物的主要物相应相同，但硫酸介质富集物的主要物相还有 C。原因是硫酸介质富集物在过滤处理过程中，滤纸被硫酸浸泡烘干后变脆，在后续实验处理中，有较细的滤纸渣进入富集物中，最终造成硫酸介质富集物的主要物相中有 C。

6.6.2.7　富集物的扫描电镜分析

如图 6-61 所示，富集渣中主要元素为钌，少量为镍、铁等，成分均匀，并且与衍射分析结果吻合。

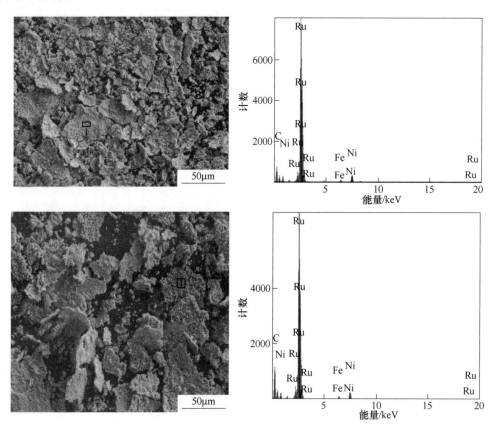

图 6-61　富集渣物料的表面形貌及其 EDS 面扫描能谱图

6.6.3　涂铱废阳极

试验原料为生产铝电铜箔过程中的废涂铱钛阳极板，质量为 40.5kg。具体试验步骤如下。

（1）称取钛阴极板质量 40.5kg，放入退镀槽中；

（2）加退镀液 115L（生产水 100L、盐酸 10kg、氢氟酸 3kg）；

（3）常温浸泡 4~5h；

（4）取出冲洗干净，退镀后钛阳极板 39.3kg；

（5）退镀液经过滤、洗涤和烘干得到退镀渣为 34.02g，钛损为 2.88%。

6.6.4 其他废铂族金属合金

作者系统研究了废旧贵金属高温合金综合回收工艺路线，形成了全套工艺参数，即废旧贵金属高温合金经中频炉加热熔化、雾化喷粉，可获得超细粉末；采用选择性浸出主金属镍、钴、钨、钼、铼等，获得含铂族金属浸出渣；采用碱焙烧—水浸等工艺提取铂族金属。

6.7 其他铂族金属二次资源

铱是一种重铂族元素，它的有机化合物如乙酰丙酮铱、二（苯基膦）羰基氯化铱、醋酸铱等，是一类重要的均相催化剂或金属有机化学气相沉积（MOCVD）的前驱体化合物，在精细化工和表面工程中得到广泛应用。在生产这些铱的有机化合物过程中，由于产率较低，有相当部分的铱副产物进入含大量有机物的废水中。为了使金属铱得到有效的循环利用，节约铱资源和降低生产成本，需要回收废液中的铱。由于生成的铱副产物是以有机铱化合物的形式存在，因此从有机体系直接还原回收铱几乎是不可能的。同时，这些有机废液中含有挥发性的铱化合物，直接加热或煅烧均会造成铱的损失。贺小唐等人建立了一种全新的回收方法，能有效地回收有机废液中的铱。

有机废液是某研究所生产有机铱化合物过程中产生的。废液中含有乙酰丙酮、酒精、乙酰丙酮铱等有机物，它由有机相、水相和少量固体沉淀组成。有机相在最上层，水相在下层，少量沉淀在容器底部。由于铂族金属的化学性质相似，从铱溶液中分离少量的其他铂族金属很困难，目前还没有行之有效的方法，因此废液收集过程中要标识清楚，不要与其他铂族金属废液混在一起，便于后序铱的精炼。从有机废液中回收铱的工艺流程如图 6-62 所示。

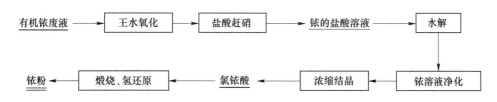

图 6-62 从有机废液中回收铱的工艺流程

采用王水氧化破坏有机物，使铱转化为铱的盐酸溶液；含铱的溶液净化后浓缩结晶，得到氯铱酸，直接煅烧、氢还原生产出高纯铱粉。整个工艺过程操作简单实用，铱回收率高。

复习思考题

6-1　简述在汽车尾气催化剂中采用湿法工艺提取铂族金属的工艺流程。

6-2　简述金属捕集法捕集铂族金属的原理。

6-3　简述造锍熔炼捕集铂族金属的原理。

6-4　玻璃纤维工业废料中回收铂族金属的方法有哪些？

参 考 文 献

[1] 陈寿椿. 重要无机化学反应 [M]. 上海：上海科学技术出版社，1963.

[2] 姚田玉，杨立，郭邻生. 贵金属冶金学 [M]. 沈阳：东北大学出版社，1993.

[3] 刘洪萍，徐征，杨志鸿，等. 湿法冶金-浸出技术 [M]. 北京：冶金工业出版社，2010.

[4] 张驰，邱文顺，吴红星. 锡阳极泥处理工艺研究进展 [J]. 云南冶金，2020，49（1）：46-50.

[5] 舒波，范兴祥，黄卉，等. 从热滤渣中富集贵金属的实验研究 [J]. 矿冶工程，2015，35（1）：103-106.

[6] 郭勋，杨雪莹，郑海山，等. 锂电池电极浆料评价方法 [J]. 电源技术，2020，44（10）：1544-1548.

[7] 黄庆，邓毅，郁丰善，等. 从废旧太阳能电池板中回收银 [J]. 有色金属（冶炼部分），2022（1）：48-53

[8] 李炜垚，焦芬，陈琛，等. 全因子实验设计废弃光伏组件中铝和银的浸出 [J]. 中国有色金属学报，2022，193：1-18.

[9] 钟景明，王立惠，施文峰，等. 光伏银浆用银粉的研究 [J]. 粉末冶金工业，2015，25（6）：6-12.

[10] 吴同旭，杨春亮，郭秋双，等. 国内外银催化剂载体材料研究进展 [J]. 工业催化，2022，30（2）：23-27.

[11] 李梅，张保明，解雪，刘昱辰. 失效乙烯氧化制环氧乙烷催化剂的银回收工艺研究 [J]. 中国资源综合利用，2022，40（8）：29-31.

[12] 刘永玉. 废胶片中银的检测方法研究 [J]. 世界有色金属，2019（19）：247-249.

[13] 李耀星. 从废感光胶片中回收银 [J]. 中国物资再生，1997（12）：12-14.

[14] 周全法，王琪，谈永祥. 含银电子元器件中白银的回收及其综合利用 [J]. 再生资源研究，2001（1）：16-18.

[15] 王亚军，李晓征. 汽车尾气净化催化剂贵金属回收技术 [J]. 稀有金属，2013，37（6）：1004-1015.

[16] 李耀星，萨支琳. 对从氧化铝为载体的含钯废催化剂中所得粗钯精制工艺的改进 [J]. 中国物资再生，1998（1）：12-13.

[17] 孙航，肖佩荣，陶艳琪，等. 多级孔氧化铝负载钯催化剂的制备及加氢性能研究 [J]. 合肥工业大学学报（自然科学版），2021，44（8）：1106-1110.

[18] 王武州. 从废铂氧化铝催化剂中回收铂技术 [J]. 金山油化纤，1995（1）：30-33.

[19] 刘利，崔文权，潘鑫. 废钌/氧化铝催化剂中钌的回收研究 [J]. 无机盐工业，2010，42（5）：48-49.

[20] 郑雄飞，李永敏，王临才，等. 磁性钯碳催化剂制备与性能 [J]. 贵金属，2014，35（S1）：126-130.

[21] 陈琛，金汉强. 钯碳催化剂的制备条件对苯酚气相加氢制环己酮的影响 [J]. 能源化工，2015，36（6）：1-4.

[22] 贺小塘，吴喜龙，韩守礼，等. 从 Pd/C 废料中回收钯及制备试剂 $PdCl_2$ 的新工艺 [J]. 贵金属，2012，33（4）：9-13.

[23] 张钰艳，徐靖宇，姜鹏飞，等. 含有 L-氨基酸为配体的铑催化剂合成与研究 [J]. 广东化工，

2021，48（12）：20-21.

[24] 李俊，蒋凌云，李继霞，等．含铑催化剂回收再利用技术进展［J］．广东化工，2014，42（3）：
12-13.

[25] 杨昊鹏．丁辛醇装置铑催化剂的失活与活化［J］．化工管理，2017（24）：68.

[26] 邵冬云，李优鑫．催化硅氢加成反应负载型铂催化剂的研究进展［J］．现代化工，2018，34（4）：
13-17.

[27] 王婷，刘建峰，潘卫国，等．PEMFC 低负载铂催化剂的研究进展［J］．电池，2021，51（4）：
416-420.

[28] 张帆，吴祖璇，张邦胜，等．从玻纤工业废耐火砖中回收贵金属的研究进展［J］．中国资源综合利
用，2020，38（12）：113-115，136.

[29] 王玲利，彭乔．钌系涂层钛阳极的优化研究进展［J］．辽宁化工，2006，35（8）：485-487.

[30] 王福生，许芸芸，韩晓丽，等．使用钛涂钌电极作为阳极电解法制备次磷酸的研究［J］．应用化
工，2004，33（3）：28-30.

[31] 孙猛猛，王庆法，邹吉军，等．IrO$_2$-SiO$_2$涂层钛阳极的失效行为研［J］．化学工业与工程，2014，
31（5）：8-12.

[32] 陈孟杰，曹华珍，唐谊平，等．IrO$_2$/TNTs/Ti 阳极的制备及其在三价铬电镀中的应用［J］．电镀与
涂饰，2017，36（3）：136-141.

[33] 行卫东，范兴祥，董海刚，等．废旧高温合金再生技术及进展［J］．稀有金属，2013，37（3）：
494-500.

[34] 吕连灏，陈敬超，陈蓉，等．贵金属高温合金的研究现状及展望［J］．材料导报，2012，26（7）：
114-117.

[35] 刘强，冯加保，黄振华，等．晶硅太阳能电池环保回收再生利用的研究［J］．科技经济导报，
2016（2）：120-121.

[36] 范兴祥，董海刚，吴跃东，等．硝酸浸出失效催化剂提取银的实验研究［J］．矿冶工程，2013，
33（2）：78-80.

[37] 刘景茂，张斌，朱明霞．用 FeCl$_3$ 法从废感光胶片中回收银的研究［J］．黑龙江大学自然科学学报，
1988（1）：12-14.

[38] 胡定益，余建民，游刚，等．汽车失效催化剂中铑的浸出动力学研究［J］．稀有金属，2016，
40（2）：143-148.

[39] 陈景．火法冶金中贱金属及锍捕集贵金属原理的讨论［J］．中国工程科学，2007，9（5）：11-16.

[40] 范兴祥，董海刚，付光强，等．还原-磨选法从酸浸汽车尾气失效催化剂残渣中富集铂族金属的实
验研究［J］．稀有金属，2014，38（2）：262-269.

[41] 付光强，范兴祥，董海刚，等．从失效有机铑催化剂中富集铑的新工艺研究［J］．稀有金属与材料
工程，2014，43（6）：1423-1426.

[42] 朱微娜，刘寿长．废催化剂中贵金属钌的回收［J］．河南化工，2007，24（4）：31-34.

[43] 毕鹏飞，王松泰，谈定生，等．从玻璃纤维池窑废耐火浇注料中回收提取铂和铑［J］．上海有色金
属，2011，32（1）：4-6.

[44] 郭俊梅，贺小塘，吴喜龙，等．选冶联合法从玻璃纤维工业浇注料中回收铂铑［J］．有色金属（冶
炼部分），2013（12）：25-27.

[45] 吴喜龙，王欢，贺小塘，等．玻纤工业用铂铑合金漏板的提纯工艺 [J]．贵金属，2013，33（2）：48-50．

[46] 行卫东，范兴祥，董海刚，等．从废旧高温合金中浸出镍钴的实验研究 [J]．中南大学学报（自然科学版），2014，45（2）：361-366．

[47] 董海刚，范兴祥，行卫东，等．预处理对硫酸常压浸出废旧高温合金中镍钴的影响 [J]．稀有金属，2014，38（5）：868-873．

[48] 范兴祥，行卫东，董海刚，等．从废旧高温合金的硫酸浸出渣中浸出分离钨钼铼 [J]．过程工程学报，2013，13（6）：969-973．

[49] 赵家春，范兴祥，董海刚，等．从高温合金废料浸出渣中浸出钌的实验研究 [J]．贵金属，2014，35（4）：45-47，59．

[50] 贺小塘，刘伟平，吴喜龙，等．从有机废液中回收铱的工艺 [J]．贵金属，2010，31（2）：6-9．